Andreas Fecker, Flughäfen

„Rush hour" an einem deutschen Verkehrsflughafen

Andreas Fecker

Flughäfen

GeraMond

Titelbild: Nur der Laie verwechselt sie mit Fluglotsen: Einweisung einer Lufthansa-Maschine auf dem Vorfeld durch den Marshaller

Foto: Lufthansa

ISBN 3-7654-7237-9

im Hause GeraNova Zeitschriftenverlag GmbH, Postfach 80 02 40, D-81602 München
www.geranova.de

1. Auflage 2002

Lektorat: Günter Stauch
Layout: Sinicki Publishing Production
Herstellung: Ulrike Walleitner und Team
Druck: Sellier Druck, Freising
Printed in Germany

„Das gefährlichste am Fliegen ist immer noch die Fahrt zum Flughafen“

Andreas Fecker

Flughäfen sind weitläufige, hoch komplexe Anlagen. Sie funktionieren meist derart reibungslos, dass der Passagier nichts davon mitkriegt, was hinter den Kulissen abläuft, während er am Schalter eincheckt und sich zum Flugsteig begibt. Flughäfen sind Städte ohne Einwohner, in denen zigtausend Menschen Arbeit finden. Dieses Buch möchte die Abläufe veranschaulichen, das Zusammenwirken von Mensch, Maschine, Computer, Organisation und Management beschreiben. Aber auch das Wachstum soll behandelt werden, was die Flughäfen zu Zankäpfeln macht, zum Reizthema und Gegenstand von Anwohnerprotesten. Drängende Fragen sind: Wie entwickelt sich die Lärmreduktion, der Raumbedarf, wie sicher sind die Flughäfen, wie sicher ist der Luftverkehr? Flughäfen sind pulsierende Lebensquellen. Ballungszentren, Wirtschaftsstandorte, ganze Regionen sind auf sie angewiesen.

Die Hintergrundgeschichte handelt von einem Almbauern, der vom Bürgermeister von Kansas City eingeladen wird. Derzeit hat dieses Amt jedoch eine Frau inne, Mrs. Kay Barnes. Der Geschichte zuliebe brauchte ich aber einen Mann. Mayor (Bürgermeisterin) Barnes hat mir schmunzelnd erlaubt, diese kleine Tatsache „anzupassen". Sie hat mir auch freundlicherweise das Vorwort zum Buch geschrieben.

Andreas Fecker

Kay Barnes,
Mayor of Kansas City

Flughäfen geben einem Reisenden oft den ersten Eindruck einer Stadt. Sie sind wie rote Teppiche für Tausende von Besuchern Tag für Tag. Sie reflektieren Kultur und Charakter ihrer Stadt. Flughäfen bedienen die Vorfreude eines lange herbeigesehnten Urlaubes, die Bedeutung einer wichtigen Geschäftsreise, oder aber die Erkenntnis, dass es nirgendwo so schön ist wie zuhause, wenn man von einer dieser Reisen zurückkehrt.

Und doch, Flughäfen sind mehr als Start- oder Endpunkt einer Reise. Sie sind wichtige Wirtschaftsmotoren, die für die umliegenden Städte und Gemeinden wertvolle Einnahmequellen sind. Sie geben Hunderten oder Tausenden von Menschen Arbeit und halten die Wirtschaft in Schwung. Viele Flughäfen, so auch Kansas City International, werden nicht vom Staat finanziert, sondern müssen sich selbst tragen. Das heißt diejenigen, die den Airport nutzen, werden auch für seine Dienste zahlen.

Wir in Kansas City sind stolz auf unseren Airport. Sein einmaliges Design und die günstigen Flugtarife haben der Stadt seit 30 Jahren Nutzen gebracht. Als Regionalflughafen bringt uns der Flughafen viele Einnahmen. Fast 12 Millionen Passagiere alimentieren unseren Airport, der nach Starts und Landungen an 33. Stelle in den USA steht. Vergleicht man Kansas City und seinen Airport mit anderen Städten der Welt und deren Flughäfen, dann wird deutlich, wie wichtig Flughäfen für die Wirtschaft einer Region sind.

Kay Barnes
Mayor

Inhaltsverzeichnis

I. Vorgeschichte

Der Flughafen Frankfurt aus der Vogelperspektive

Adalbert Fürchtegott Obermoser winkte dem Postboten schon von weitem zu und eilte in die Küche, um eine neue Flasche Obstler zu entkorken. Schließlich kam es selten vor, dass sich der Briefträger Fridolin Weihrather auf den beschwerlichen Weg zur Hintermoosalm in den Allgäuer Alpen machen musste. Es war verabredet, dass alles, was nach Postwurfsendungen aussah, auf der Post gelagert wurde. Dagegen wurden Briefe, Mitteilungen von Behörden und alles, was sonst noch eine Briefmarke trug, ausgeliefert.

Almbauer Obermoser lebte gut 20 Kilometer vom nächsten Ort – ohne Telefon, Elektrizität oder gar Fernsehen. Er und seine Vroni lebten einsam aber glücklich, und wer zu ihnen kam, erfuhr eine sehr nachhaltige Gastfreundschaft. Dazu gehörten der Obstler wie die Brotzeit oder das deftige Abendessen. Wer sich nicht energisch genug verabschiedete, dem blieb keine andere Wahl als bis zum nächsten Tag zu bleiben. Nicht einmal der Postbote konnte sich dieser Gastfreundschaft entziehen. Daher beugte er jedes Mal vor und verschlang schnell noch den Inhalt einer Dose Ölsardinen, bevor er sich zu Fuß auf den Weg zur Hintermoosalm machte. Das heißt, die ersten 14 Kilometer ließ er sich meist vom Wacker Schorsch chauffieren. Irgendwann hörte dann die Straße auf, und die verbliebenen sechs Kilometer legte der Mann nach alter Postillon-Tradition auf Schusters Rappen zurück. „Griaß-di'Gott, Friedel, wia isch des Le'm drunt'n im Toal?"

„Griaß-di'Gott, Adelbert, net goas so oansom wia doa hero'm."
„Hoascht a Brüaf füa mi?"
„Ha jo! N' goas a dick'n! Woas denksch denn worum i do ruf kim? Woi's goa so gspaßig isch?"

(Anmerkung des Autors: Im bisherigen Teil der Unterhaltung haben sich die beiden Herren begrüßt und über die Einsamkeit einer Bergalm gesprochen. Dann teilte der Briefträger dem Almbauer Adalbert Fürchtegott Obermoser mit, dass er einen dicken Brief für ihn dabeihabe. Der Rest der Unterhaltung wird nun überwiegend in Schriftdeutsch wiedergegeben, damit sich die Untertitel in Grenzen halten)

„Hier ist ein Brief aus Amerika, und ich bin ganz sicher, dass der von dem Amerikaner ist. Von dem aus Kansas City, der wo letztes Jahr da war."
Dabei sprach er das „C" in Kansas City wie ein „Z" aus.
„Ja der Dschonn! Der amerikanische Preuße, der wo sich hier im Nebel auf meine Alm verirrt hat! Bürgermeister war der doch, in Kansas Zity! Aber der kann doch bloß Englisch! Hoffentlich hat er was in den Brief geschrieben, das ich auch lesen kann!
„Wenn nicht, dann schick ich dir am Freitag mein´ Sohn vorbei, der kann dir das übersetzen."
„Jetzt setz dich erst einmal in die Stub'n, und dann trinken wir einen Obstler und dann machen wir erst einmal den Brief auf. Und dann schau'n mer moal, noche seh'n mer scho!"
Beide ließen sich auf der langen Holzbank nieder, die an einem weiten Holztisch lehnte – die Flasche Obstler und zwei Gläser zwischen sich. Beim ersten Obstler wurde der Brief geöffnet. Beim zweiten Glas entdeckten sie, dass die Nachricht in Deutsch abgefasst wurde. Bei der dritten Trinkrunde entdeckten die Männer, dass neben dem Prospekt von Kansas City ein mehrseitiges Heftchen ohne Bilder beilag, auf dem „Flight Coupon" stand. Beim vierten Glas fand Adalbert Fürchtegott Obermoser auf dem Ticket seinen Namen: OBERMOSER, A.F. MR, aber er hielt das für einen Zufall, bis er den Brief zu Ende gelesen und erfahren hatte, dass er einen Flugschein von Frankfurt nach Kansas City in den Händen hielt.
„Jetzt brauch i a Schnaps!"
„Ich auch"
Von nun an nahm das Schicksal seinen Lauf. „Almbauer meets Airport", zwei Welten prallen aufeinander...

Flugreisende besteigen ihren Jet am liebsten über den „Finger"

2. Anreise

Oben: Mit dem Zug zum Flug: Verknüpfung der Deutschen Bahn mit dem Flughafen Düsseldorf

Rechte Seite: Die Kabinenbahn zum Düsseldorfer Flughafen

Was nutzt der größte, schönste und modernste Airport, wenn dieser schwer zu erreichen ist? Wenn die Anfahrt so kompliziert und umständlich ist, dass man besser gleich mit dem Zug oder dem Auto fährt? Flughäfen müssen sein wie Bahnhöfe, so nah wie möglich an der Stadt, damit sie schnell und bequem zugänglich sind. Liegt er zu weit außerhalb, dann heißt es, „...wenn er nur nicht so weit draußen wäre!" Ist er aber zu nah an der Stadt, dann gibt es das andauernde Lärm- und Sicherheitsproblem.

Eine Flugreise ist für den einen spannend und aufregend, für den anderen mühsam und lästig. Vor vielen Jahren noch nahmen wir eine langwierige Anreise vom Wohnort an den Flughafen ohne zu murren auf uns. Fliegen war für die breite Mehrheit etwas Besonderes, etwas, das man sich nur selten gönnte. Der „Jetset" stammt aus dieser Zeit. Fliegen war den Reichen vorbehalten. Und für die, die es sich leisten konnten, spielte es keine Rolle, dass man mit dem Zug durch die halbe Republik gondelte, mehrfach umstieg, um schließlich am Hauptbahnhof in den Flughafenbus zu steigen, der den erwartungsvollen, von Reisefieber geplagten Passagier an den Flughafen brachte.

Schnittstellen

Heute haben wir es immer mehr mit genervten Vielfliegern zu tun, die das Reisen per Flugzeug als notwendiges Übel empfinden und die Zeit des Transits auf ein Minimum verkürzt sehen wollen. Der Flughafen von heute muss einen ICE-Anschluss aufweisen, einen Regionalbahnhof, und die S-Bahn sollte möglichst neben dem Jet halten. Busse und Taxis sollen doch bitte zwischen Gepäckband und Haustüre pendeln. Den eigenen Wagen parkt man am liebsten in der Tiefgarage zehn Stockwerke unter dem Terminal, mit Expresslift zum Abfertigungsschalter. Natürlich sollte das Parkhaus möglichst nichts kosten, und wenn schon, dann soll das Ticket doch bitteschön mit Kreditkarte zu bezahlen sein. Denn wer aus dem Ausland zurückkommt, hat außer der ausländischen Währung meist nur „Plastik" in der Brieftasche.

oben: Schnittstellen des Verkehrs: Straße, Schiene, Luft – München Flughafen

Der neue Fern-Bahnhof am Frankfurter Flughafen entstand beim Bau der Hochgeschwindigkeitsstrecke Frankfurt – Köln

Der lange Weg zum Flugzeug

Branchenführer Frankfurt am Main hat einen Verkehrsanschluss, der sogar im weltweiten Vergleich geradezu als vorbildlich erscheint. Alle Verkehrsmittel, von der S-Bahn bis zum ICE, können in unmittelbarer Nähe des Terminals „andocken". Benachbarte Flughäfen und Großstädte sind mit Hochgeschwindigkeitszügen oder mit Expressbussen verknüpft. Von der Ankunftshalle aus ist man in wenigen Minuten am nächsten Trans-portweg. Autobahnen schließen den Flughafen geradezu ein. Ein unterirdisches Parkhaus für fast 15.000 Autos garantiert immer eine freie Abstellfläche, wenngleich sich die Parkgroschen leichter in Kilo messen lassen als in Euro. Hannover weist ebenfalls 13.000 Parkplätze und sehr moderate Preise auf.

Berlin-Tempelhof stellt ein Kuriosum in der Welt. Der Airport verfügt nicht nur über das zweitgrößte Gebäude der Welt nach dem Pentagon. Seine Lage inmitten Berlins ist geradezu einzigartig. Wer nur nahe genug wohnt, kann vom Flugzeug aus in wenigen Minuten zu Hause sein und seine Pantoffel suchen. Raus aus dem Airport, über die Straße und schon ist man in der Stadtmitte.
Dagegen empfinden vielen Reisende München, was die Anreise angeht, derzeit noch als einen Horror! Idyllisch im Erdinger Moos gelegen, weit vor den Toren der Stadt, braucht man vom Hauptbahnhof per S-Bahn knapp 45 Minuten, und „schon" ist man im Terminal. Sollte die Magnetschwebebahn Transrapid wirklich gebaut werden, könnte das dem angeschlagenen Image des Airports zugute kommen.
Köln/Bonn soll 2004 endlich einen unterirdischen Bahnhof erhalten. Die meisten deutschen Flughäfen verfügen mittlerweile über einen S-Bahnanschluss oder arbeiten zumindest daran. In Augsburg suchen Fluggäste an den Wochenende öffentliche Verbindungen vergeblich. Eine teure Taxifahrt macht so manchen günstigen Flugpreis wieder zunichte. Dafür kann der Besucher sein eigenes Fahrzeug kostenlos abstellen.
Nach einem verheerenden Brand entstand in Düsseldorf ein neuer Flughafen wie Phoenix aus der Asche. Angepasst an das dritte Jahrtausend wurden alle Erkenntnisse, Konzepte und Ansprüche an einen zeitgemäßen, in die Zukunft gerichteten Airport umgesetzt. Ein futuristisches Glasdesign bietet eine gelungene Verkehrsanbindung für Schnellzüge, Stadtbahn und Schwebebahn.
Zum eher „verkehrsberuhigten" Bremer Flughafen fährt man wiederum in 20 Minuten mit der Straßenbahn. Auch Hamburg ist mit öffentlichen Verkehrsmitteln schnell und leicht zu erreichen. In Friedrichshafen findet sich der Passagier fünf Minuten nach der Landung

auf dem Bahnsteig wieder. Zehn Minuten später kann er in der Stadt bummeln gehen oder in das Schiff Richtung Schweiz umsteigen.
Zwischen diesen Extremen bewegen sich die deutschen Flughäfen. Die Entscheidung über die Kundenfreundlichkeit der Anbindung wird nach Passagieraufkommen, Erschließungskosten, Akzeptanz, Infrastruktur und Lage gefällt. Reisebüros bieten für fast jede Großstadt Sondertarife für den unbegrenzten Gebrauch von öffentlichen Bussen oder Bahnen an. Für einen Aufpreis von etwa zehn Euro auf das Flugticket kann man an den Tagen der An- und Abreise ohne Mehrkosten alle Transportwege benutzen.

Endlich in Frankfurt

Adalbert Fürchtegott Obermoser stand am Abend vor seinem Abflug in die USA verloren und verlassen am Bahnsteig des Fernbahnhofes am Flughafen Frankfurt. So etwas hatte er noch nie gesehen. Ehrfürchtig sah er sich um. Genau hatte er sich eine Stadt der Zukunft im Weltraum vorgestellt. Weiß und glitzernd vor Chrom und Glas, nüchtern und elegant präsentierte sich die Röhre. Beeindruckt und höchst verunsichert packte der Almbauer seinen alten Lederkoffer, mit dem schon sein Großvater einmal 1888 – im Dreikaiserjahr – von der Hintermoosalm nach Füssen zum Heiraten gereist war. Obermoser folgte dem Weg der anderen Fahrgäste, die schon über die Rolltreppen nach oben verschwunden waren. In weiser Voraussicht hatte John Derryl Drake, Bürgermeister von Kansas City, darauf verzichtet, ihm ein Ticket von München nach Frankfurt zukommen zu lassen. Dies hätte kaum mehr gekostet. Aber Amerikaner wollte es seinem Freund und Retter Adalbert Fürchtegott so einfach wie möglich machen und ihm das Umsteigen in Frankfurt ersparen.
Eine freundliche Dame in einer blauen Uniform lächelte den verdutzten Mann aus Süddeutschland an.
„Kann ich Ihnen helfen?"
„Ja, kennen Sie den Bürgermeister von Kansas Zity? Der hat mich nämlich eingeladen. Und zu dem fahre ich jetzt."
Es sprach für die Höflichkeit und die Selbstbeherrschung der hilfsbereiten Frau, dass sie wegen der Frage nicht in schallendes Gelächter ausbrach. „Dann schlage ich vor, ich zeige Ihnen den Weg zur Flughafen-Information. Und die sagen Ihnen dann, wie Sie zum Bürgermeister von Kansas City kommen. Also, sie gehen jetzt diesen Gang hier entlang, immer geradeaus..."

Blick auf den Bahnsteig des neuen Fernbahnhofs am Frankfurter Flughafen

3. Information

Martha Schramm arbeitete schon seit zehn Jahren beim Informations-Service des Frankfurter Flughafens. Sie beherrschte sieben Sprachen und verstand noch einige mehr. Ihr Beruf machte der Frau einen Riesenspaß, denn kaum jemand auf dem Flughafen traf mit mehr Menschen zusammen, hatte auf mehr Situationen zu reagieren als die Angestellten am Informationsschalter.
Daher war Martha Schramm über Fürchtegott Adalbert Obermosers Anliegen nicht weiter verwundert. Höflich verzichtete sie auch darauf, die falsche Aussprache von Kansas City zu korrigieren. Sie hatte in ihrem Job schon so viel erlebt. Was sich anfangs vollkommen verrückt anhörte, entpuppte sich oft als plausibel. Daher ließ sich die Flughafen-Mitarbeiterin zu keinen irreführenden Vorurteilen verleiten. Sie hörte genau zu, bemüht, sprachliche Nuancen zu interpretieren, einfache Fragen in kurzen Sätzen zu stellen, deutlich zu sprechen. Sie nutzte Verstand, ihr Wissen und ihre Kombinationsgabe und machte sich damit das Anliegen jedes Kunden zu Eigen.

Im Flugsteig „A“ des Terminal I am Frankfurter Flughafen

Hilflos und verlassen

Wie oft hatte sie schon erlebt, dass Menschen von weit her angereist kamen. Sie fuhren in ihrem Heimatort mit dem Bus zum Bahnhof, stiegen dort in eine Regionalbahn, wechselten an fremden Bahnhöfen die Züge, kamen in Frankfurt am Hauptbahnhof an, fanden den Weg zur S-Bahn und wurden schließlich von den anderen Passagieren in die Schalterhalle des Flughafens gespült. Und da war es vorbei. Zu viele Eindrücke stürmten auf den Erstflieger ein. Sie vergaßen alles: das Reiseziel, die Airline, wo sie ihr Ticket hin gesteckt hatten, ihre Telefonnummer von zu Hause, die PIN ihrer Kreditkarte – einfach alles. Die Neuen waren hilflos konfrontiert mit einer anderen Welt. Hier galt es, diese Situation schnell zu erkennen und dem Betroffenen zu helfen. Man musste ihm manchmal helfen sich zu beruhigen, sich zu besinnen, ohne dass man dessen Würde verletzte. Natürlich war das nicht immer leicht, wenn sich schnell eine Schlange von ungeduldigen Kunden bildete, die vielleicht nur eine kurze Frage hatten. Daher teilte Martha Schramm den Dienst am Schalter immer mit einer Kollegin, die dann die Routineauskünfte übernahm.
„Haben Sie denn schon einen Flugschein?“ fragte Martha Schramm.

„Ja natürlich!" Hastig knöpfte Fürchtegott sein Hemd auf, kramte aus dem Brustbeutel das Ticket hervor und gab es ihr.
„Sie fliegen also mit United Airlines morgen früh um 08:30 Uhr. Sehen Sie diese Schalterreihen dort? Suchen Sie die Schalter 496 – 509. Die Schalter öffnen um 06:15 Uhr. Stellen Sie sich ruhig schon um 06:00 Uhr an. Ich schreibe Ihnen das alles auf."
„Danke, Sie sind sehr nett. Ich werde das dem Herrn Bürgermeister sagen, dass Sie mir so freundlich geholfen haben."
„Vielen Dank, Herr Obermoser. Was kann ich sonst noch für Sie tun?"
Jetzt war Fürchtegott Obermoser von den Socken: „Woher kennen Sie mich? Sie waren doch noch nie bei mir auf der Alm!"
„Nein, natürlich nicht. Ich habe Ihren Namen auf dem Flugschein gelesen."
„Schlau sans scho, die Preissen," murmelte Fürchtegott. „Was mach´ ich denn jetzt die ganze Nacht? Gibt's da ein Gasthaus?"
„Wieviel möchten Sie denn für ein Zimmer ausgeben?"
„Na ja, so 20 oder 25 Euro…"
Martha Schramm zog einen Prospekt hervor und reichte ihn über den Schalter. „Ein richtiges Gasthaus wie bei Ihnen zu Hause gibt es hier nicht, stattdessen mehrere Hotels mit Zimmer-Preisen von 230 Euro aufwärts. Günstigere Unterkünfte finden Sie in der Stadt und natürlich in der weiteren Umgebung. Aber dann ist es nicht mehr ganz so einfach, morgens um sechs am Schalter zu sein."
„Ja, was mach´ ich denn jetzt?"
„Ich kann Ihnen sagen, was viele andere Kunden machen. Der Flughafen ist rund um die Uhr offen. Es gibt viele bequeme Sessel. Nacht für Nacht kommen hier Hunderte von Reisenden mit dem Zug an, weil sie am nächsten Morgen frühzeitig abfliegen. Sie verbringen die Nacht hier, machen Spaziergänge im Flughafen, trinken einen Kaffe, gehen in ein Restaurant, sehen sich die Schaufenster an und machen wieder ein Nickerchen im Sessel. Der Flughafen ist so groß, dass Sie stundenlang brauchen, um sich alles anzusehen. Morgens gehen sie dann in eine der 117 Waschraum- und Toilettenanlagen, machen sich frisch und begeben sich zum Schalter. Der Schlaf wird dann später im Flugzeug nachgeholt. So machen es viele. Ich möchte Sie nur bitten, immer auf ihren Koffer aufzupassen."
„Vielen Dank. Sie sind wirklich ein nettes Weibsbild, Frau Schramm." Damit reichte er ihr die Hand über den Schalter hinweg. Martha Schramm wusste, dass solche Ausdrücke im tiefen Allgäu keine Beschimpfung darstellten und lächelte dem Gast aus dem tiefen Süden der Republik aufmunternd zu.
„Grüßen Sie mir den Herrn Bürgermeister."

Am Flughafen ist immer etwas los

4. Services

Zum „Shopping" an den Airport

Großflughäfen wie Frankfurt oder München bilden Metropolen voller Leben und Aktion, aber auch mit Problemen, wie sie jede Großstadt kennt. Über 60.000 Menschen arbeiten Tag für Tag auf dem Rhein-Main Airport, um jeden Tag für bis zu 180.000 Passagiere eine reibungslose Ein-, Weiter- oder Ausreise zu ermöglichen. Es gilt, die beiden Terminals, die Schalter- und Gepäckhallen, Sicherheitsschleusen, Flugsteige, Parkhäuser, Geschäfte, Banken und sanitären Anlagen so zu betreiben, um den Besuchern, Reisenden und Abholern den Aufenthalt so angenehm wie möglich zu gestalten. Und dennoch wohnt niemand in dieser Stadt, die auf vier Ebenen unter der Erde und drei Ebenen über der Erde gebaut ist.

Der Doc ist gleich nebenan

In dieser Stadt ohne Einwohner arbeiten in einer Flughafen-Klinik mehrere Ärzte und ein Dutzend Krankenschwestern. Das Krankenhaus hat eine Notfallambulanz einschließlich Röntgen, OP und Labormöglichkeiten, Schockraum, Quarantäneabteilung, HNO und Augensektion. Sie ist für alle Krankenkassen zugelassen und für Reisende wie für Besucher 24 Stunden geöffnet. Zwei Apotheken, fünf Optiker und ein Zahnarzt runden das medizinische Angebot ab.

Umsonst ist gar nichts

Oft sind es die vielen kleinen Details, die im Unterbewusstsein des Passagiers haften bleiben. Sie geben bei der nächsten Reiseplanung den Ausschlag, über welches Land, über welchen Airport oder über welche Drehscheibe geflogen wird. Bekommt es ein Fluggast gleich nach seiner Ankunft am Gepäckband mit Abzockern zu tun, dann schreckt dies ab – möglicherweise für immer. Beispiel: Wer einen Dollar oder einen Euro in einen Schlitz stecken muss, nur um für seine schweren Koffer einen Gepäcktrolly benutzen zu dürfen, den er an der nächsten Rolltreppe womöglich schon wieder stehen lassen muss, dann schwört sich der Passagier, nie wieder über diesen Flughafen einzureisen. Setzt sich diese Methode beim dringend gebotenen Aufsuchen einer Toilette fort, erst recht. Denn oft hat der ankommende Reisende noch gar keine Münzen in Landeswährung, und niemand findet sich, der ihm mal eben schnell einen Hundert-Euro-Schein wechselt. Dies ist noch nicht einmal seine Schuld, denn ausländische Banken geben oft nur Scheine aus.
Das sollten sich auch die Betreiber und Kontrolleure der S-Bahnen hinter die Ohren schreiben. Wenn einem Gast aus

Der OP der Frankfurter Flughafenklinik

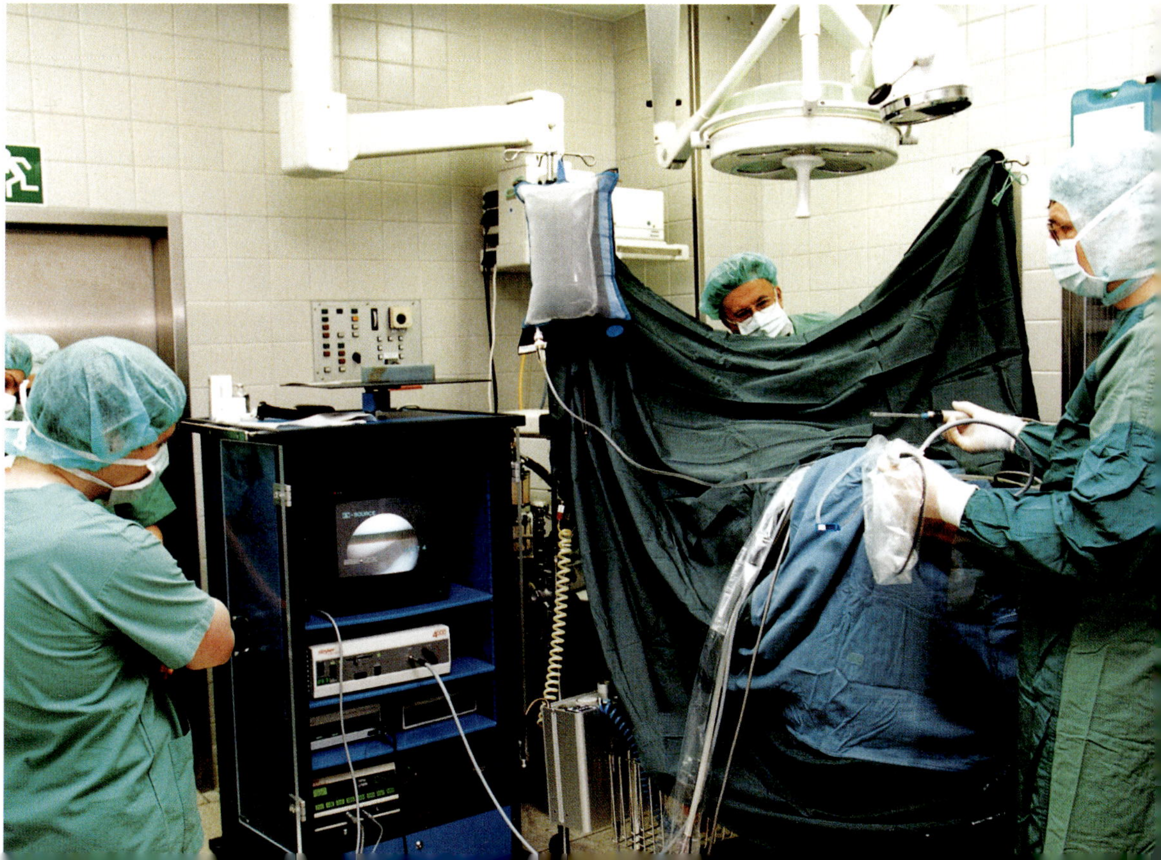

einem fremden Land eine halbe Stunde nach seiner Ankunft in Deutschland als erstes ein 30-Euro-Schwarzfahrerticket aufgebrummt wird, dann haben wir es wieder geschafft, uns der Welt als hässlichen Deutschen zu präsentieren. Bravo!

Hätte es jedoch in der Gepäckhalle die Möglichkeit gegeben, sich zu informieren, Geld zu wechseln und eine Fahrkarte zu lösen während er auf seine Koffer wartet, dann wäre die Zeit des Wartens sinnvoll genutzt. Der drohende negative Eindruck wäre ausgeblieben.

Gute PR ist wichtig

Natürlich hat der Flughafen seinen eigenen, viel beschäftigten Pressestab. Es gibt immer einen Event, der zu bedienen ist, oft sogar mehrere gleichzeitig, sei es der Besuch eines Ministers, oder der Ausbau des Flughafens, oder die Verkündung der neusten Wirtschaftsdaten. Dem Pressestab zur Seite steht eine Bildstelle mit exzellentem Fotomaterial.

Meetings am Flughafen

Mehr als zwei Dutzend Konferenzräume mit Sälen bis zu 200 Personen eröffnen sich im Frankfurt Airport Conference Center. In den Flughafenhotels gibt es noch einmal 120 Konferenzräume sowie ein Kongresszentrum für 1.400 Personen.

Als zentraler Umschlagplatz von Briefen und Paketen ist natürlich auch die Post mit einer großen Niederlassung vertreten. Schließlich ist Frankfurt das Zentrum des deutschen Nachtluftpostnetzes.

Supermarkt Airport

Für Passagiere und Besucher gibt es 150 Läden – vom Flower-Shop bis zum ausgewachsenen Supermarkt, vom Schuhmacher bis zum englischen Kaufhaus Harrods. Es mangelt dem Airport an nichts. Mehrere Banken sind vertreten, 15 Restaurants, 32 Bars und Bistros, zwei Frisöre, Kinderspielplätze, eine

Internetcafe am Terminal 4 in Hamburg

Moschee, sechs Andachtsräume, ein Spielcasino (damit sind nicht die Daddelhallen gemeint), eine Rechtsanwaltspraxis, alle gängigen Autovermietungen, die wichtigsten Reisebüroketten. Nicht zu reden von über 100 Airlines und rund 80 Chartergesellschaften, für deren Flüge zu etwa 300 Reisezielen in 120 Ländern man an 450 Schaltern einchecken kann. Sogar einen Weihnachtsmarkt gibt es im Dezember!

Während Adalbert Fürchtegott Obermoser neugierig auf Entdeckungsreise ging und mit großen Augen jedes Schaufenster in sich aufsog, fiel sein Blick auf eine der zahllosen Werbe- und Ausstellungs-Vitrinen. In einer Auslage warb ein Buchverlag für das neu erschienene Himalaja-Buch eines berühmten Bergsteigers. Es gab einige Auszüge daraus zu lesen: „Ich traf im Tibet auf Bergdörfer, in denen schon seit 50 Jahren keine Europäer mehr gesehen wurden…" Fürchtegott schüttelte den Kopf. Na und? Auf meiner Hintermoosalm wurden schon seit mindestens 500 Jahren keine Tibetaner mehr gesichtet!

Durstige Kehlen

Im Keller des Flughafens entdeckte Fürchtegott ein Wirtshaus, das ihn anmutete wie ein bayerischer Biergarten. Sofort lief ihm das Wasser im Mund zusammen. Nachdem Obermoser Platz genommen hatte, bestellte er ein Bier. Als jedoch der Kellner mit einem kleinen Glas Bier ankam, musste Fürchtegott lachen. „Ja was ist denn auch das? Da wo ich herkomme, da trinkt man aus so einem Glas einen Schnaps! Ist es das größte, was Sie haben?"

Nun musste der Kellner lachen. „Natürlich nicht. Möchten Sie einen Liter?"

„Freilich. Wenn ich ein Bier bestelle, dann meine ich eine Maß." Also, auch das gab es auf dem Flughafen bei den Preußen in Frankfurt. Nach dem Bier – er würde sich nie wieder über die Preise beim Oktoberfest beschweren – nahm er wieder seinen Koffer und ging weiter auf Entdeckungsreise durch die Ebenen des Airports. Gegen Mitternacht ließ sich der erschöpfte Gast auf einem der Sessel nieder und schlief ein.

Das Restaurant „Redwings" im Terminal 4 von Hamburg Airport

Oben:
Häufig übersehen wird der Last Minute-Reisemarkt in den Flughäfen (hier Frankfurt im Terminal I, Halle C). Hier werden Flüge und Arrangements zu günstigen Preisen angeboten

Stille und Besinnlichkeit findet der Reisende in den verschiedenen Andachtsräumen, die jeder größere Flughafen eingerichtet hat

Geschmackvoll und verlockend präsentieren sich die Läden und Supermärkte am Flughafen Frankfurt

5. Flughafensicherheit

Obwohl es noch früh am Tag war, staunte Adalbert Obermoser, wie viele Menschen schon den Flughafen bevölkerten. Doch, was war denn das? „Hallo! Hallo! Schorsch!“ Er traute seinen Augen nicht. Da, da vorne ging er, der Huber Schorsch von der Nachbar-Alm! Ja so ein Zufall!

Fürchtegott ließ seinen Koffer im Stich und rannte hinter dem vermeintlichen Allgäuer Freund her, der im Gewühl der Menschen zu verloren gehen drohte. Zwar hatte er den Landsmann bereits aus den Augen verloren, aber er würde ihn schon wieder finden!

Das herrenlose Gepäckstück war einem aufmerksamen Passanten sofort aufgefallen. Er ging zum nächsten Schalter und rief, „da hat jemand einen Koffer stehen lassen!“

Die Reaktion auf diesen lauten Ruf provozierte höchst unterschiedliche Handlungen. Die am nächsten stehenden hielten sich sicherheitshalber die Nase

Einsatzfahrzeuge von Bundesgrenzschutz und Polizei am Frankfurter Flughafen

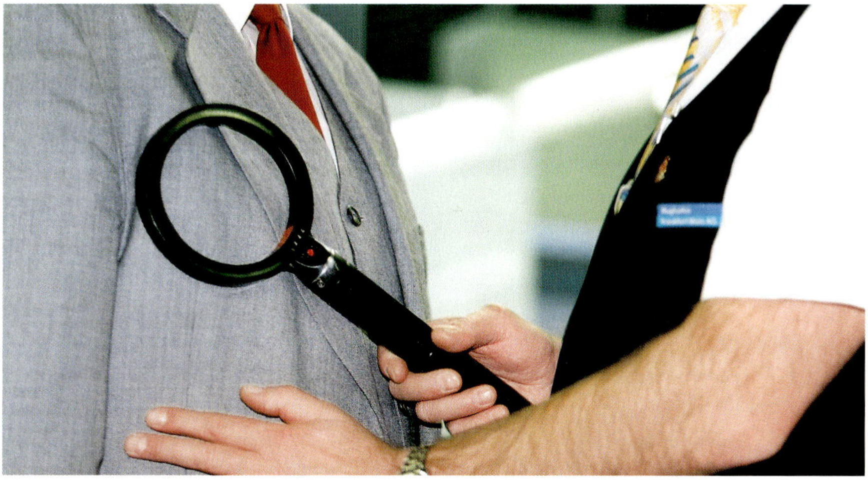

Sorgfältig werden die Passagiere „durchgecheckt“

Links: Röntgengeräte werden ständig verbessert

Rechts: Spitze Gegenstände dürfen nicht mehr ins Handgepäck

zu, andere lachten laut auf. Eine ältere Dame (vielleicht mit schlechtem Gewissen?) protestierte „Das war sehr taktlos, junger Mann". Hinter den Schaltern wurde jedoch richtig reagiert. Der Bundesgrenzschutz erhielt eine Warnung über den „nicht zuzuordnende Gegenstand". Das war ganz nebenbei auch der politisch korrekte Ausdruck dafür, viel besser als „herrenlos"! Die nächste Fußstreife war sofort vor Ort.

„Wem gehört dieser Koffer?" rief einer. „Whose suitcase is that?" Die umstehenden Reisenden zuckten mit den Schultern. „Ich lasse ihn ausrufen. Sperr´ schon mal ab."

Bombenalarm

Während nun der eine Beamte sein Funkgerät bediente, bat der andere die Passagiere, zurückzutreten. Weitere Polizisten eilten herbei und sperrten den Bereich weiträumig ab.

Mittlerweile ertönte eine energische Stimme von den Lautsprechern in mehreren Sprachen: „Achtung, eine dringende Durchsage In der Schalterhalle B wurde ein brauner Lederkoffer gefunden. Der Besitzer wird gebeten, sich beim nächsten Schalter zu melden."

Das Bombenentschärfungskommando war bereits mit schweren Schutzanzügen unterwegs. Ein fahrbarer Roboter wurde in Stellung gebracht. Die Männer setzten ihre Helme auf und bewegten die Maschine mit Hilfe der Fernsteuerung auf den Sprengkörper zu. Das System war mit Kamera, Röntgengerät und verschiedenen Sensoren ausgestattet, die auf Chemikalien und Elektronik reagierten. Zentimetergenau konnte damit der verborgene Zünder geortet werden. Der Roboter hatte auch ein Hochdruck-Wassergewehr, mit dem starke Materialien ohne Funkenbildung zerstört werden konnten. Mittlerweile waren auch schon die Videobänder überprüft worden, die in der Halle das ganze Geschehen festgehalten hatten.

Während die beiden Bombenspezialisten die Lage beurteilten, kämpfte sich Adalbert Fürchtegott Obermoser zur Absperrung vor. „Halt! Was machen Sie denn da mit meinem Koffer?"

Erleichtertes Aufatmen bei allen Beteiligten. Obermoser wurde vorgelassen. „Ihren Pass, bitte. Und öffnen Sie bitte Ihr Gepäck." Gehorsam klappte Fürchtegott den Deckel auf. „Ja kann man denn jetzt nicht einmal mehr seinen Koffer irgendwo stehen lassen?"

„Nein. Natürlich nicht! Sie sehen doch, was das nach sich zieht. Woher sollen wir denn wissen, dass da keine Bombe drin ist?"

„So ein Schmarrn! Ich fahr doch nicht mit einer Bombe zu den Preußen! Ich, der Obermoser! Woher soll denn ich eine Bombe haben!"

Schadensbegrenung

Für die Polizisten galt es nun, so schnell wie möglich wieder Normalität herzustellen und die Absperrung aufzuheben. Es gab immer wieder Neugierige, Nachahmer oder Wichtigtuer, die solche Einsätze bewusst provozierten. Dank der erstklassigen Videoüberwachung auf dem gesamten Flughafen sowie der dazu gehörenden Technik und Computersoftware werden diese Witzbolde immer leichter identifiziert, überführt und zu empfindlichen Strafen verdonnert. Daher baten die Beamten den Almbauern zur weiteren Befragung und Ermahnung auf die Wache.

Seit 1952 ist der Grenzschutz auf dem Frankfurter Flughafen angesiedelt. Damals reichten 30 Beamte für den Dienst aus. 1986 noch waren es 185 Staatsdiener. Mittlerweile sind es 2.000 Beamte, die von weiteren 1.000 Personen des flughafeneigenen Sicherheitsdienstes unterstützt werden. Die Aufgaben sind in den vergangenen Jahren stark angewachsen. Zur grenzpolizeilichen Kontrolle kamen die Luftsicherheitsaufgaben hinzu. Schließlich gehört den Aufgaben auch die Arbeit der Bahnpolizei auf den beiden Bahnhöfen.

Die Beamten gehören zum Erscheinungsbild des Airports. Ihre Taktik: Auffällig sein, freundlich, mit wachem Auge beobachtend, aber gleichzeitig zurückhaltend. Außer den Beamten in Uniform gibt es noch die Männer und Frauen in Zivil, die sich äußerlich in nichts von wartenden Passagieren unterscheiden und mit gelangweiltem Blick unauffällig die Passagiere mustern.

Adalbert Fürchtegott Obermoser fiel es nicht schwer, die Beamten von seiner Harmlosigkeit zu überzeugen. Sie ermahnten den Gast, künftig das Gepäck nicht mehr aus den Augen zu lassen. Mit einem Schmunzeln wurde er gebeten, dem Bürgermeister von Kansas City noch die besten Wünsche von der Grenzschutzpolizei des Frankfurter Flughafens zu überbringen.

Abteilung für die Seele

Der Pallottinerpater Walter Maader arbeitet seit 30 Jahren als Flughafenseelsorger auf dem Airport. Natürlich ist die Flughafenseelsorge religionsübergreifend. Nicht dass er etwa wie bei „Baywatch" auf einem Hochstand saß und nach Schäfchen in Not Ausschau hielt. Seine Kundschaft kam stets von alleine.

Reisende sind losgelöst von der vertrauten heimatlichen Umgebung, von Freunden und Familie. Sie sind oft schutzlos, verwundbar. Ein kleines Missgeschick, ein verlorener Pass, ein gestohlener Geldbeutel. Ein abgelaufenes Visum, verschwundenes Gepäck, Sprachbarrieren oder familiäres Unglück. Ein verpasster Flug oder eine plötzliche Krankheit. Man wird nicht abgeholt und ist alleine, vielleicht zum ersten Mal im Leben, vielleicht ohne Geld. Meist kommt ein Unglück nicht allein. Obwohl auch Airlines und Behörden bis zu einem gewissen Grad unter die Arme greifen, sieht der Reisende den Geistlichen oft als letzte Möglichkeit.

Seit 30 Jahren am Flughafen, Pater Maader

6. Check-In

Einchecken im
Terminal 2 in
Frankfurt

„Guten Morgen, Mister Obermoser. Sie fliegen mit uns nach Chicago?"
Die spricht wie eine Amerikanerin, dachte sich Fürchtegott. ‚Karen Roycraft' stand auf ihrem Namensschild.
„Nein, nach Kansas Zity."
„Natürlich. Aber zuerst müssen Sie mit uns nach Chicago. Dort steigen Sie um auf Flug 1597 nach Kansas City."
„Das kommt überhaupt nicht in Frage. Ich werde in Kansas Zity erwartet. Vom Bürgermeister persönlich. Da kann ich doch nicht irgendwo anders hinfliegen. Schlimm genug, daß ich da nicht mit der Bahn hinfahren kann."
„Wer hat Ihnen das Ticket verkauft?"
„Niemand. Der Bürgermeister von Kansas Zity hat mir das zugeschickt, der Dschonn Drak."
„Dann ist ja alles in Ordnung. Dann weiß der John auch, wann und wie Sie ankommen. Sie fliegen Business Class."
„Ist das auch ein Flugzeug?"
„Das ist eine gehobene Klasse im Flugzeug. Wieviel Gepäckstücke haben Sie?"
„Nur diesen einen Koffer."
„Haben Sie ihn selbst gepackt?"
„Nein, das wäre ja noch schöner. Fürs Kochen, Waschen, Bügeln Flicken und Kofferpacken ist die Vreni zuständig. Ich mach die Viecher, den Stall und die Milch und den Käse."
„Wer ist die Vreni?"
„Meine Frau natürlich."
„War der Koffer seitdem ständig unter ihrer Aufsicht?"
Obermoser verstand die Welt nicht mehr. Da stand er an einem Flughafen, um eine Reise um die halbe Welt zu machen, und diese Karen Roycraft interessierte sich für nichts als seine Frau und seinen Koffer.
„Wer bügelt denn bei Ihnen zu Hause? Doch nicht etwa Ihr Mann?", lachte Fürchtegott.

Röntgen des Handgepäcks vor einem Inlandsflug in Hamburg

Das Herzstück der Abflughalle, die Anzeigentafel

„Wie bitte? Bei mir? Was hat das mit Ihrem Koffer zu tun?“

„Was hat mein Koffer mit dem Bürgermeister zu tun?“

„Mister Obermoser, ich muss wissen, ob Sie Ihren Koffer aus den Augen gelassen haben. Nicht dass Ihnen jemand etwas hineingepackt hat.“

„Ach so! Ich verstehe. Sie glauben, irgendein Strolch könnte mir einen Streich gespielt und meinen Koffer vertauscht haben! Nein, ganz bestimmt nicht. Ich hatte den Koffer immer bei mir.“ Dabei vergaß er ganz zu erwähnen, dass selbiges Gepäckstück bereits Gegenstand einer Polizeiaktion gewesen war.

„Bitte geben Sie mir Ihren Pass.“

Gehorsam reichte Fürchtegott seinen Pass über den Schalter. Karen Roycraft überprüfte das Ausstellungs- und das Gültigkeitsdatum. Verständlich, dass Obermoser langsam nervös wurde. Jetzt wurde es ernst. In einer guten Stunde würde er erstmals in seinem Leben ein Flugzeug betreten. Er wäre noch nervöser geworden, hätte er gewusst, dass eine Video-Kamera auf ihn gerichtet war. Mit dem Check-In begann eine heimliche Sicherheitsmaschinerie anzulaufen, die ihn und jeden anderen Passagier bis nach der Landung und nach dem Verlassen seines letzten Reisezieles begleiten würde.

Obermoser wurde Zeuge, wie hinter ihm ein junger Mann ange-sprochen wurde. „Reisen Sie alleine?" „Ja." „Bitte nehmen Sie Ihr Gepäck und folgen Sie mir." Der junge Mann musste seinen Platz in der Warteschlange verlassen und wurde an einen Tisch abseits geführt. Dort wurden ihm Fragen über seinen Reisezweck und seinen Beruf gestellt. Währenddessen musste er sein Gepäck öffnen, das dann penibel durchsucht wurde. Offenbar konnte Fürchtegott jedoch alle Bedenken zerstreuen und er durfte sich wieder in die Schlange einreihen.

„Wo möchten Sie sitzen, Herr Obermoser? Am Gang oder am Fenster?"

„Im Flugzeug? Der Wacker Schorsch hat gesagt, ich soll mich vor den Flügel ans Fenster setzen damit ich runterschauen kann. Der Schorsch ist nämlich auch schon mal geflogen. Nach Mallorca. Ich wird´ halt mal schauen, wo noch ein Platz frei ist."

„Natürlich. Ich werde Sie ans Fenster setzen."

Karen buchte den Allgäuer Chauvi auf den Sitz 18A und befestigte die Gepäckanhänger am Koffergriff. Dann ließ sie das Gepäckförderband anlaufen.

„Ja Moment! So geht das nicht! Was machen Sie denn da mit meinem Koffer?" Adalbert Fürchtegott Obermoser traute seinen Augen nicht, als sich sein Gepäckstück plötzlich in Bewegung setzte und auf dem Förderband nach hinten verschwand.„So tun Sie doch was! Das ist MEIN Koffer!"

„Das weiß ich doch. Aber Sie können Ihren Koffer doch nicht mit an Bord nehmen!"

„Was kann ich nicht? Da sind meine Geschenke für den Bürgermeister von Kansas Zity drin. Eine zünftige Bauernmahlzeit mit einer gescheiten Wurst!"

Dabei folgten seine Augen mit einer Mischung von wachsender Wut und Verzweiflung dem Koffer, wie der auf dem kurzen Gepäckband nach hinten in den Gepäckaufzug verschwand. „Sie dürfen doch gar keine Lebensmittel nach USA einführen!"

„Was kann ich nicht? Ja was ist denn..., können Sie nicht hören? Mein Koffer. Ich will meinen Koffer. Sofort! Tun Sie doch was!"

Mit der Behändigkeit, mit der ein Almbauer über den Zaun springen konnte, versuchte Fürchtegott unter dem Schalter durchzutauchen. Schon war ein Angestellter des Sicherheitsdienstes bei ihm und packte ihn am Jackett. Irgendwo wurde ein Alarmknopf gedrückt. Es dauerte nur wenige Sekunden, bis bewaffnete Security-Guards in Zivil und Polizisten des Bundesgrenzschutzes eintrafen und den Schalterbereich umstellten. Karen rief den Station Manager von United Airlines an. „Sir, this is Karen Roycraft at Check-In. We have got a problem."

Einer der Grenzschutzpolizisten gab über sein Funkgerät in der Zentrale Entwarnung. „Der Almdudler ist es. Lasst es gut sein. Ich rede mit den Kollegen." Zu den Amerikanern sagte er „Relax. Ich kenne den Mann. Wir haben ihn schon gecheckt. Der ist okay. Er ist zum ersten Mal in seinem Leben auf einem Flughafen."

Die Folgen des 11. September

Nichts ist mehr so wie vor dem 11. September 2001. Das trifft ganz besonders für den Luftverkehr zu. Auf das für die Sicherheit einer Airline zuständige Personal kommt noch mehr Arbeit zu. Die Welt ist ein wenig kälter geworden an jenem Tag. Die Reizschwelle ist niedriger, das Spaßverständnis geringer. Das merkte man allenthalben am ernsten und hochkonzentrierten Gesichtsausdruck der Angestellten.

Pater Walter Maader hatte die Szene beobachtet. Er wusste, dass es besonders unter den Amerika-Reisenden

neuerdings viel Ängstlichkeit gab. Darum ging er auf Adalbert zu, stellte sich vor und bot seine Hilfe an.
„Das ist gerade gut, dass Sie kommen, Herr Pfarrer. Erst sagt man mir hier, ich könnte mein Gepäck nicht mit ins Flugzeug nehmen, und dann heißt es, ich dürfte auch keine Wurst nicht mit nach Kansas Zity nehmen."
„Ist der Herr mit dem Einchecken fertig?" fragte er die Dame von United.
„Ja. Hier ist sein Ticket, der Gepäckabschnitt, sein Pass."
„Danke, ich kümmere mich um ihn."
„Kommen Sie mit, wir müssen zur Passkontrolle. Also, Ihren Koffer kriegen Sie nach der Landung wieder. Aber das mit der Wurst wird noch zu einem kleinen Problem. Sie dürfen die Wurst zwar hier ausführen, aber in Amerika dürfen keine Lebensmittel eingeführt werden. Ich empfehle Ihnen dringend, sofort nach der Landung in Amerika beim Zoll oder bei der Agrarkontrolle die Wurst zu deklarieren. Man wird die Ware aus Ihrem Gepäck herausnehmen und vernichten."
„Vernichten? Fressen werden's meine Wurst!"
„Nein, ganz bestimmt nicht. Es hilft nichts. Ich bin überzeugt, ihre Wurst ist gut, aber das sind nun mal die Gesetze in Amerika. Hier entlang. Wir müssen jetzt durch die erste Sicherheitsschleuse."

Kontrollen, Kontrollen

Der Geistliche und sein Schäfchen näherten sich einem abgesperrten Bereich. Der Pater zeigte seinen Flughafenausweis und wurde anstandslos durchgelassen. „Sie sollten Ihre Jacke ausziehen und durch diesen Türrahmen gehen." Der Pater ging voraus, zog einen Schlüsselbund aus der Jacke, seinen Geldbeutel aus der Hosentasche und legte alles zu seinem Handy in ein kleines Körbchen. Dann trat er durch den Rahmen, drehte sich um und sagte: „Jetzt Sie."
Adalbert Fürchtegott Obermoser zog sein Portemonnaie aus der Hose. „Einen Schlüssel hab´ ich nicht. Die Vreni ist ja zu Hause. Und ein Handy hab ich auch nicht."
Dann machte er einen beherzten Schritt durch die Schleuse. Es piepste. „Haben Sie noch metallische Gegenstände bei sich?"
„Freilich." Damit zog er ein recht ansehnliches Klappmesser aus der Hosentasche.
„Das dürfen Sie nicht mit an Bord nehmen. Das muss ich leider konfiszieren."
„Was darf ich nicht? Das ist mein Sackmesser, das habe ich schon seit meiner Erstkommunion! Das kriegt einmal der Franzl, wenn ich mich zur ewigen Ruhe begebe."
„Mein Herr, geben Sie mir das Taschenmesser, oder Sie gehen hier keinen Schritt weiter." Schon wieder war da der BGS, der die Sicherheitschecks im Hintergrund überwachte. Pater Maader mischte sich ein. „Geben Sie mir das Taschenmesser. Ich bewahre es für Sie auf, bis Sie zurückkommen. Es ist so, wie der Herr sagt. Niemand, gar niemand, darf hier spitze Gegenstände, Messer, Scheren, Feilen, Schraubenzieher oder sonst etwas mit sich tragen, was irgendwie im Flugzeug als Waffe zu gebrauchen wäre. Hätten Sie das vorher gewusst, hätten Sie es in Ihren Koffer packen können."
„Vielen Dank, Herr Pfarrer. Seit ich aus dem Zug gestiegen bin, habe ich es mit der Polizei zu tun, egal wohin ich gehe. Ist das bei den Preußen immer so, oder liegt das an mir?"
„Es liegt daran, daß Sie zu gut für diese Welt sind, lieber Herr Obermoser. Als nächstes kommen wir zur Passkontrolle."
„Schon wieder? Der wurde doch schon am Schalter kontrolliert."
„Ja, aber nach anderen Gesichtspunkten. Dort wurde überprüft, ob er mindestens ein halbes Jahr über Ihr Rückflugdatum hinaus gültig ist. Außerdem wird späte-

stens da entdeckt, ob Sie ihn versehentlich in den Koffer gepackt haben. Das hier ist die ganz normale Ausreisekontrolle wie an jeder Grenze. Keine Sorge, ich bleibe bei Ihnen."
Bald nach der Passkontrolle mussten die beiden Männer erneut durch eine Sicherheitsschleuse. Noch rigoroser war die Überprüfung, jeder Reisende wurde am ganzen Körper abgetastet. Auch Pater Maader blieb von dem Prozedere an der Schleuse daneben nicht verschont.
„Ziehen Sie bitte Ihre Schuhe aus."
„Was? Meine Schuhe soll ich ausziehen? Also nein. Ich bin seit gestern morgen in meinen Schuhen, die kann ich doch jetzt nicht ausziehen!"
„Wir müssen Ihre Schuhe röntgen."
„Nein. Lieber kriech´ ich durch die Maschine durch, aber meine Schuhe…"
Da fiel sein hilfesuchender Blick auf den Pater. „Ja Herr Pfarrer! Sie auch?"
„Natürlich."
„Wissens, mir ist das peinlich. Ich merk´ schon die ganze Zeit, ich habe ein Loch im rechten Strumpf. Die Vreni hätte mir vielleicht ein paar gestopfte Socken rauslegen sollen!"
„Das ist diesen Leuten egal. Was glauben Sie, was die den ganzen Tag so alles sehen!"
Schließlich gab sich Adalbert Fürchtegott Obermoser der Einsicht hin und entledigte sich seiner Schuhe. Nachdem sie geröntgt und für sprengstofffrei befunden wurden, durfte der Bauer sie auch wieder anziehen.
„Jetzt, Herr Obermoser, ist es fast geschafft. Noch 200 Meter diesen Gang entlang und wir sind am Flugsteig. Ich muss wieder zurück. Guten Flug und Gottes Segen wünsche ich Ihnen."
„Vergelt's Gott, Herr Pfarrer. Und denken's an mein Sackmesser. Ich komm´in zehn Tagen wieder hierher und hol's mir bei Ihnen ab."

Personenkontrolle mit Metalldetektor in Hamburg

7. Gepäckabfertigung

Der Mann hat die Überwachung der Gepäckabfertigung im Griff

Gepäckvarianten

Für die meisten Airports gehören Gepäck-Odysseen der Vergangenheit an. Mit der Verfeinerung der Bar-Code-Leser und der fortschrittlichen Automatisierung bleibt einem Koffer fast gar nichts anderes mehr übrig, als mittels eines Fördersystems, das beispielsweise in Frankfurt 67 Kilometer aufweist, zum Flugzeug zu gelangen. Dennoch zählt zu den anspruchsvollsten Aufgaben eines Flughafens, täglich tausende Koffer und Taschen, aber auch Surfbretter, Kinderwagen, Fahrräder, Gemälde oder Skier zuerst vom Passagier zu trennen, es dann noch mal zu kontrollieren und zeitgerecht und unbeschädigt zu seinem Flugzeug an einem der 200 Parkpositionen zu bringen.

Verpackung für den Koffer

Die Experten unterscheiden zwischen Ankunftsgepäck, Umsteigergepäck und originärem Abfluggepäck. Nur in relativ kleinen Flugzeugen werden Koffer und Rucksäcke noch lose in den Laderaum gestellt und mit Gepäcknetzen verzurrt. In den größeren Maschinen kommen Leichtmetallbehälter zur Anwendung. Jeder dieser Container fasst 35 bis 45 Koffer. Dies garantiert einen schonenden Transport und lässt sich auch schneller bewältigen.

Die Flughafengesellschaft Fraport AG hat ein System entwickelt, mit dessen Hilfe schon beim Beladen dieser Container jedes Gepäckstück mit Position innerhalb des Aluminiumbehälters registriert wird. Sollte es später notwendig werden, den Koffer eines Passgiers, der nicht an Bord ist, wieder auszuladen, kann dies in kürzester Zeit geschehen. Nach und nach übernehmen auch andere Flughäfen diese Technik.

Das Gepäck kommt an

Kaum hat eine Maschine ihre Triebwerke abgestellt, wird der Frachtraum geöffnet. Bei einer Boeing 747 ragt die Ladekante des Gepäckraums 5,20 Meter hoch über dem Boden! Im Rumpf des Flugzeuges transportieren interne Fördereinrichtungen die Container auf die angedockten Hebebühnen. Nur zwei Behäl-

Das Gepäck wird schonend in Containern transportiert

Wie von Geisterhand wird das Gepäck vom Check-In zur Verladung befördert

Die Schaltung von 1.600 Weichen übernimmt der Computer

Menschenleere Hallen: Das vollautomatisierte Gepäcksystem in Frankfurt. Die reflektierende Kodierung steuert den Weg des Gepäcks

ter haben darauf Platz. Die Plattform wird dann abgesenkt, damit die Container auf die Gepäckwagen verladen werden können. Mit jedem Hub verlassen etwa 90 Koffer die Maschine, bis alle Anhänger eines Gepäckschleppers voll sind.

Am Frankfurter Flughafen leisten etwa 200 Schlepper mit 1.800 Anhängern die Packarbeit. Ist ein Schleppzug voll, macht er Platz für den nächsten, der bereits wartet. Die wendigen Fahrzeuge werden nun flink wie auf einer Cart-Bahn zur festgelegten Gepäckaufgabehalle befördert. Bereits vor der Landung des Jets werden Ankunfts-Gate und Gepäckrundlauf zugeordnet, damit die Abholer wissen, an welchem Ausgang sie warten müssen. Dabei wird bereits nach Ausland und den Ländern im so genannten Schengener Abkommen unterschieden, bei dem die Abfertigung beschleunigt werden kann.

Während sich die Passagiere vom Flugsteig durch das Gewirr von geräuschlosen Rollbändern, chromblitzenden Rolltreppen, lückenlosen Passkontrollen und klinisch sauberen Ankunftshallen bewegen, wird in abgelegenen Räumen das Gepäck in Ankunfts- und Umsteigergepäck sortiert. Daher kommt es vor, dass die ersten Koffer bereits vor der Ankunft der Fluggäste auf einem der 34 Rundlaufanlagen liegen.

Die Airlines bemühen sich, den voll zahlenden Business- und First-Class-Passagieren einen Zeitvorteil einzuräumen und deren Gepäck bereits beim Abflug vorzusortieren. Singapore Airlines unterscheidet ihr Gepäck gar in zwölf verschiedene Kategorien. Koffer und Taschen, die nicht abgeholt oder zugeordnet werden können, landen im 24-Stunden-Lager. Ist das Gepäck am nächsten Tag immer noch da, landet es im Zollgepäcksammellager und wird in

Abgestellte Gepäckwagen auf dem Frankfurter Vorfeld

eine weltweite Datenbank für „herrenloses" Gut aufgenommen. Dort werden weitere Nachforschungen angestellt.

Die Zeit drängt

Das aussortierte Umsteigergepäck wandert über ein Fördersystem weiter zur Abfluggepäckanlage. Dort sortieren es Mitarbeiter in die entsprechenden Abflughallen ein, bis es schließlich in der Maschine landet. Dieser Vorgang bildet das Nadelöhr eines Airports. Manche Flughäfen fordern deshalb bis zu 120 Minuten Minimum Connecting Time zwischen Umsteigeverbindungen. Auf deutschen Flughäfen sind effiziente 45 Minuten garantiert: 15 Minuten für Entladung, 15 für Transport, Sortieren und Weitertransport, und 15 Minuten für Beladung der Anschlussmaschine. Nun sollte man sich vor Augen halten, dass einige Zubringerflüge Gepäck für etwa 30 und mehr verschiedene Anschlussverbindungen mit an Bord haben. Dann stehen also nur knapp 15 Minuten zur Verfügung, um im ungünstigsten Fall einen Koffer von einem Ende des Flughafens zum anderen zu bringen.
Von den gängigen Airlines liegen bereits vor Ankunft der Maschine Informationen über den Anteil des Umsteigergepäcks vor. So lassen sich, besonders bei verspäteter Ankunft, Schwerpunkte erkennen und planen.

Der Koffer geht auf die Reise

Was sich am einfachsten anhört, ist tatsächlich einer der komplexen Aufgaben eines Airports. In Frankfurt kann der Passagier sein Gepäck derzeit an 408 verschiedenen Schaltern in den beiden Terminals und in den beiden Bahnhöfen einchecken. Die Koffer durchlaufen verschiedene Sicherheitsprozeduren, werden gewogen und mit einem maschinenlesbaren Baggage-Tag versehen. Auf diesem Schildchen stehen Flugnummer, Anschluss-Flugnummer, Destination und Individualnummer des Gepäcks. Das Gewicht wird der Airline übermittelt, da es Einfluss auf die mögliche Treibstoffmenge hat.
Je nach Parkposition des Flugzeuges ist spätestens 20 Minuten vor dem Start „Annahmeschluss" für Gepäck am Check-in Schalter. Es wird in Zukunft an den deutschen Flughäfen nicht mehr möglich sein, seinen Koffer selbst zum Gate zu schaffen. Zu oft war das der Grund für Verspätungen. Zudem schaffte dies Probleme bei der Verladung und Registrierung.

67 Kilometer Schienen

Über ein fast 70 Kilometer langes Schienensystem durchläuft das Gepäck eines Passagiers mit einer Geschwindigkeit von fünf Metern pro Sekunde unterirdische Hallen und Tunnels, bis es an eine der 87 Entnahmestellen ankommt.
Der Fluggast, der in Frankfurt eincheckt, erhält seine Bordkarte mit den Gepäckabschnitten. Was immer er der Airline anvertraut hat, verschwindet in einem Aufzug, der das Gepäck – für den Passagier unsichtbar – in eine Wanne ablegt. Gepäckstück und Flugnummer wurden mit einer dieser 18.000 bereitstehenden Gepäckwannen „verheiratet", der Transport läuft an. Die Behälter tragen einen Code, der vor jeder Weiche abgelesen wird. Wie von Geisterhand bewegen sie sich durch ein Labyrinth aus 6.000 Gurtbahnen, 7.000 Räderbahnen über 4.000 Kurven, 1.600 Weichen und 300 Hallen-Lifte. Die Wannen werden von 2.000 elektronischen Sperren gesteuert und von 16.000 Antrieben bewegt, bis sie an einer von insgesamt 87 Entnahmestellen zeitgerecht auf einem Gepäckwagen landen. Pro Stunde kann die

350 Millionen Euro teure Anlage 18.000 Stück sortieren. Zu ihrer Bedienung stehen 270 Mitarbeiter bereit.

Frühgepäck

Gepäck, das bereits etliche Stunden vor Abflug aufgegeben wird, gelangt in einen Frühgepäckspeicher mit 8.200 Einheiten. Dort rotiert es so lange, bis seine Zeit gekommen ist und der richtigen Entnahmestelle zugeführt wird.

Sicherheit

Natürlich wird Sicherheit auch hier ganz groß geschrieben. Stationäre und mobile Röntgenanlagen sind allerorts im Einsatz. Jedes Gepäckstück wird gründlich durchleuchtet. Darüber hinaus wird in einem für den Passagier fast unbemerkten Verfahren darauf geachtet, dass kein Gepäckstück befördert wird, wenn der dazugehörige Passagier nicht persönlich an Bord ist.

Banges Warten auf das Gepäck ist meist unbegründet

8. Zollkontrolle

Die Passkontrolle ist nur eine der Stationen auf dem Hürdenlauf zum Flugzeug

Mit dem Zoll macht der Passagier meist erst nach der Landung Bekanntschaft. Das wird nur vermieden, wenn der Fluggast einem Land des „Schengener Abkommens" angehört, etwa aus Wien oder Paris anreist. Die Aufmerksamkeit der Beamten konzentriert sich ganz besonders auf Reisende, die aus Südamerika oder Südostasien kommen. Dann interessiert sich selbst die Drogenfahndung für die Ankömmlinge. Hunde mit feiner Nase beschnüffeln die Passagiere und deren Handgepäck schon beim Verlassen des Flugzeuges. Zudem dauert die Wartezeit an der Gepäckausgabe oft doppelt so lange. Das gilt etwa nach Ankunft einer Maschine aus den USA.

Tiere und Pflanzen erhalten

Im Rahmen des „Washingtoner Artenschutzübereinkommens" und des Bundesnaturschutzgesetzes tragen die Zollstellen entscheidend zur Durchsetzung der strengen Handelsbeschränkungen bei. Ziel ist der Schutz der bedrohten Tier- und Pflanzenwelt.

Das Hauptzollamt Frankfurt am Main-Flughafen kann bei der Überwachung gemäß dem Artenschutzvertrag eine positive Bilanz ziehen. Im Jahre 1998 erfolgten am Flughafen 1.188 Aufgriffe (993 im Reiseverkehr, 58 im Postbetrieb und 135 im Frachtbereich).

Der Zoll hat nicht nur ein Auge auf Schnaps und Zigaretten

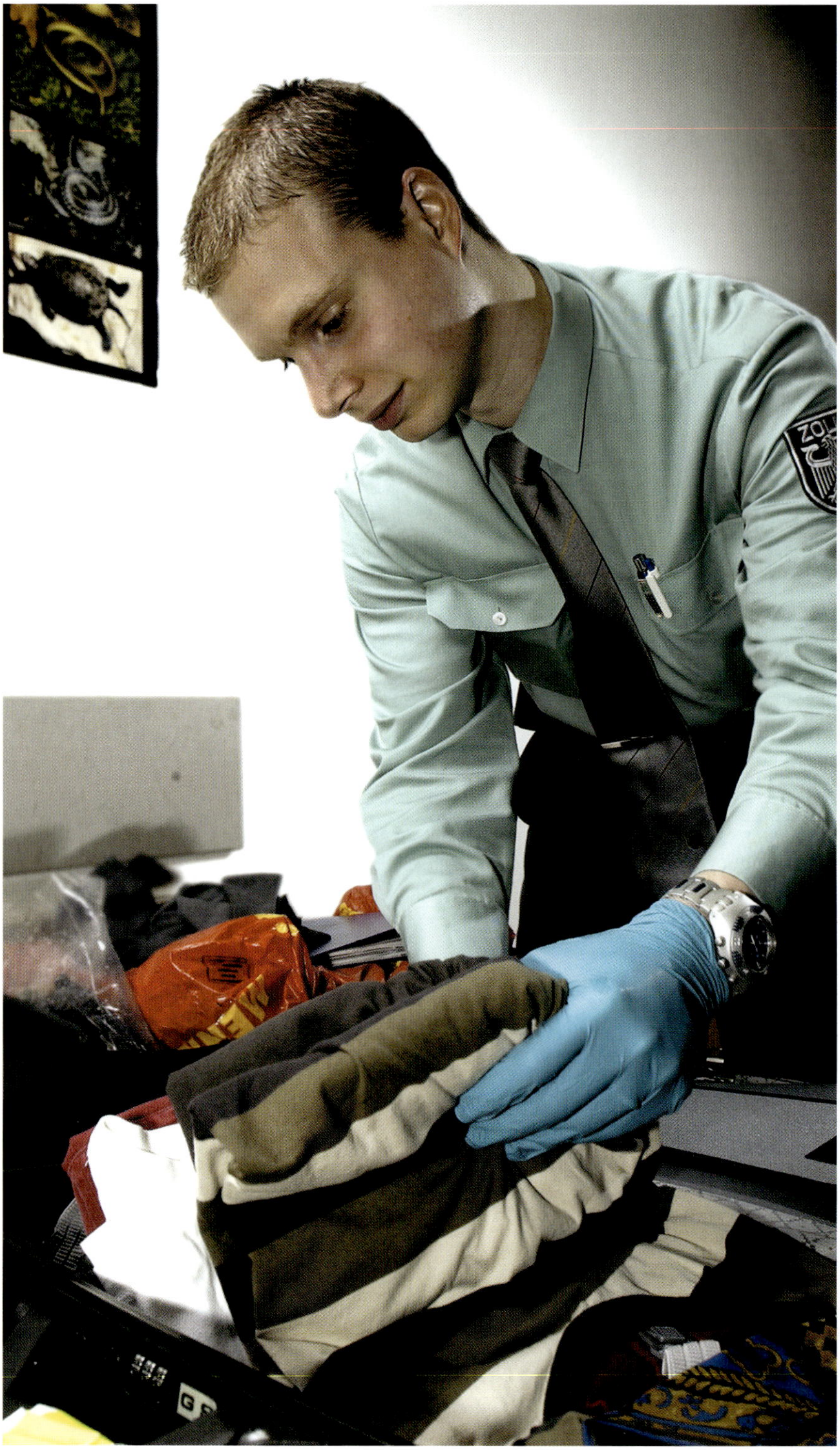

Sorgfältig und gründlich wird das Gepäck durchsucht, sollte sich der Verdacht auf Schmuggel erhärten

Dabei wurden insgesamt 21.540 Einzelexemplare beschlagnahmt; darunter befanden sich 1.940 lebende Tiere, 4650 lebende Pflanzen und 14.950 aus geschützten Tieren und Pflanzen hergestellte Erzeugnisse.
Bei der Passagierabfertigung im Jahr 1998 gingen den Mitarbeitern lebende Schildkröten und Papageien, fleischfressende Pflanzen, Korallen, Schmetterlinge, Tillandsyen, Riesenmuscheln und Schlangenhäute ins Netz. Zudem beschlagnahmten die Beamten

- Große Mengen Schwarz- und Braunbärfelle, teilweise sogar mit Schädel
- Schmuck, Figuren und Ziergegenstände aus Elfenbein,
- Krokodilhäute, sowie Hand- und Aktentaschen, Schuhe, Taschen und Gürtel aus Krokodil- oder Schlangenleder
- Erzeugnisse aus Kakteenholz
- Kaviar (Störe und Kaviar sind seit dem 01. April 1998 durch das WA unter Schutz gestellt)

Da auch zahlreiche Muscheln und Korallen von den artenschutzrechtlichen Bestimmungen erfasst werden, muss bei „Reisegeschenken" in Form von Korallenbruchstücken, Muschelhälften oder Fechterschneckengehäusen ebenfalls mit dem Zugriff durch den Zoll gerechnet werden.
Der gewerbliche Schmuggel von geschützten Tieren und Pflanzen wird durch scharfe Kontrollen nicht nur am Frankfurter Flughafen eingedämmt. Die Mehrzahl der Verstöße gegen artenschutzrechtliche Bestimmungen werden von Touristen begangen.
Bei vielen Reisenden besteht zum Teil Unkenntnis über die Vorschriften oder es werden teilweise auch unzuverlässige Informationen eingeholt. Auch falsch verstandene Tierliebe kann ein Grund für den Erwerb lebender Tiere sein.
Immer wieder hören die Beamten die gleichen Ausreden wie „Das habe ich nicht gewusst", „Das Tier ist doch sowieso schon tot", oder „Ich besitze diese Ware schon seit Jahren und habe noch nie Probleme damit bekommen". Solche Kommentare ziehen allerdings nicht, denn Unwissenheit schützt auch hier vor Strafe nicht. Einen langjährigen Besitz muss der Reisende dem Zoll durch geeignete Unterlagen nachweisen.
Wer gegen die Artenschutz-Bestimmungen verstößt, muss wegen der Ordnungswidrigkeit mit bis zu 50.000 Euro Bußgeld), in schweren Fällen als Straftat mit bis zu fünf Jahren Freiheitsstrafe rechnen. Diese Vergehen werden in den letzten Jahren von den zuständigen Gerichten auch immer konsequenter verfolgt.

Drogenhunde beschnüffeln das Gepäck

9. Catering

Kaum hat ein Flugzeug seine Abstellposition erreicht, fahren Catering-Trucks mit Hubbühnen heran und laden die Mahlzeiten für den nächsten Flug in die Bordküchen.
In computergesteuerten 1.000-Liter-Kochkesseln, auf automatischen Bratstraßen und 5.800 Quadratmetern Betriebsfläche werden in Frankfurt innerhalb von 18 Stunden täglich bis zu 80.000 Mahlzeiten hergestellt. Für die Zwischenlagerung der fertigen Menüs steht ein automatisches Tiefkühl-Hochregal mit einem Fassungsvermögen

Ein Container mit Bordverpflegung vom Champagner bis zum Frühstücksbrötchen wird in dieses Flugzeug geladen

von ca. 500.000 Mahlzeiten zur Verfügung. Bedarfsgerecht können die Menüs dann an die unterschiedlichen Airlines ausgeliefert werden.

Die SkyChiefs der Lufthansa-Gesellschaft LSG sitzen in Frankfurt und beliefern auch andere Fluggesellschaften.

Im täglich neu ausgearbeiteten Produktionsplan sind alle Arbeitsprozesse festgelegt. Nahezu 400 verschiedene Mahlzeiten – von regionaler Küche bis hin zu indischen Spezialitäten – werden den internationalen Fluggesellschaften angeboten.

Man kann sich vorstellen, dass hier eine reibungslose Zulieferindustrie und Logistik aus dem regionalen Umfeld erforderlich ist. Es wird auch deutlich, wie die gesamte Frankfurter Region von dem Erfolg des Flughafenbetriebs profitiert.

10. Technik

Perfekt organisiert wie der Boxenstopp in der Formel I ist die Abfertigung der Maschinen am Gate

Vorbeugende Wartung, Inspektion, Überprüfung, Tests, Auswechseln von Teilen bis hin zur Generalüberholung – das alles gehört zu deinem guten Ruf der Airline. Erfreulich für den Passagier ist, dass sich dabei in Deutschland zugelassene Unternehmen gegenseitig einen Wettstreit leisten. Da der technische Betrieb bei Wind und Wetter und zu jeder Tages- und Nachtzeit funktionieren muss, benötigen die Gesellschaften Hallenraum. Gewaltigen Hallenraum. Ein solches Jumbo-Bauwerk entdeckt jeder Besucher etwa am Hamburger Flughafen. Die Lufthansa-Werft ist über 30 Meter hoch, 240 Meter lang und 180 Meter breit. In einem System von Arbeitsbühnen und in zahlreichen Spezialwerkstätten sind rund 230 Angestellte in Schichtarbeit im Einsatz. Innerhalb von sechs Wochen können sie ein Flugzeug innen wie außen von Grund auf erneuern.
340 verschiedene Airlines lassen ihre Maschinen von der Deutschen Lufthansa warten. Manche Unternehmen nut-

Rundum-Versorgung vor jedem Start

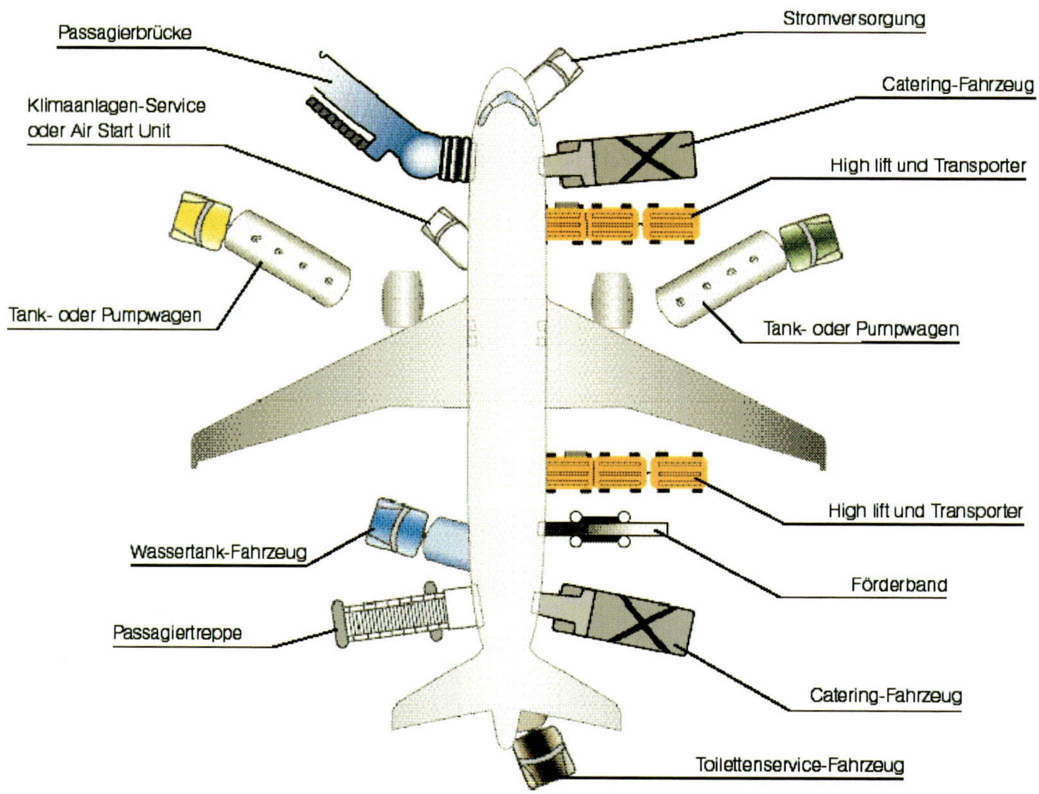

zen die Einrichtungen von Lufthansa Technik in Bremen, Hamburg, Frankfurt und München, aber auch in Niederlassungen der LH Technik in vielen anderen Luftfahrtzentren der Welt.
Am schnellsten sind natürlich die Arbeiten zu erledigen, bei denen man das Flugzeug gar nicht erst aus dem Umlauf herausnehmen muss. Dieser Ramp-Check und manche Routine-Wartungsarbeiten beginnen gleich nach der Ankunft der Maschine. Während das Gepäck entladen, die Maschine gereinigt und betankt wird geht es los. Noch während Essen und Gepäck an Bord gebracht werden, machen sich die Techniker an die Arbeit. Sie müssen spätestens dann fertig sein, wenn der erste Passagier auftaucht. Natürlich kann selbst die beste Mannschaft in dieser Zeit kein Triebwerk auswechseln. Zudem sollte ein Reifenwechsel nicht gerade vor den Augen der Zusteigenden stattfinden.
In der Luftfahrt wird nach den folgenden Checks und Überprüfungen unterschieden:

Pre-Flight-Check - vor jedem Flug
Untersuchung auf äußerlich sichtbare Beschädigungen oder Lecks, aus denen etwa Öl oder Hydraulikflüssigkeit austritt.

Ramp-Check - täglich
Funktionstests, Behebung kleinerer Schäden in der Kabine, Auffüllen von Wasser, Nachfüllen von Öl, Luft und Hydraulikflüssigkeit.

S-Check - jede Woche
Tests der Technik, Service von Reifen und Bremsen.

A-Check - alle 350 - 650 Stunden
Routinemäßige Überprüfung von technischen Systemen, die für den Flugbetrieb wichtig sind; gründliche Überarbeitung der Kabine.

B-Check - alle 5 Monate / 1.000 Stunden
Wie A-Check mit Ergänzungen; nur noch für die Flugzeugtypen B737 und B747-200.

C-Check - alle 8 - 18 Monate
Detaillierte Inspektionen der Flugzeugstruktur und gründliche Tests der Systeme. Teilweise Freilegung der Verkleidung für gründliche Überholung.

IL-Check - 48 Monate
Tiefgehende Kontrolle aller Bauteile von Struktur, Rumpf und Flügeln. Überprüfung und gegebenenfalls Reparatur der Geräte (Elektronik und Hydraulik). Einbau von Produktverbesserungen des Herstellers, Komplettüberholung der Kabine.

D-Check - 72 Monate
Die Generalüberholung, bei der tatsächlich jedes Stück Beplankung, jeder Bolzen und jede Schraube auf Materialermüdung untersucht wird. Austausch großer Bauteile, Ausbau und Ersatz aller Instrumente und Geräte, Neulackierung.

Das letzte Relikt aus den Pioniertagen der Fliegerei: Die massiven Keile, die „Chocks“

Am Stuttgarter Flughafen

Das Luftfahrt-Bundesamt

Wartung und Kontrolle durch das Technik-Personal der Airline stehen auf der einen Seite. Zum anderen kann eine unangemeldete Sicherheits-Überprüfung durch das Luftfahrt-Bundesamt(LBA) anstehen. Dessen Mitarbeiter sind gefürchtet, denn sie können über ein mängelbehaftetes Flugzeug ein Startverbot verhängen. Da werden Fahrwerk, Reifenprofil, Bremsbeläge, Sauerstoffvorrat an Bord und Notfallausrüstung gecheckt. Der restliche Sprit in den Tanks wird ermittelt. Die Menge muss für zwei Fehlanflüge und einen 45-minütigen Flug zu einem Ausweichplatz reichen. Ein Blick ins Logbuch gibt den Beamten Aufschluss über frühere Defekte und deren Behebung. Wenn es über Wochen keine Einträge aufweist, werden die LBA-Mitarbeiter meist stutzig.
Funktioniert das Bodenannährungsradar GPWS? Wann erfolgte das letzte Update der Navigations-Software? Hat

Neue Lärmschutzhalle im Hamburger Flughafen

Abfertigung einer Maschine in Hamburg

die Crew die neuesten Karten und Luftfahrtveröffentlichungen an Bord? Ist die Pilotenlizenz gültig?
Stellt das LBA leichte Mängel am Flugzeug fest, wird die Fluggesellschaft informiert. Sind die Fehler gravierender, darf die Maschine bestenfalls ohne Passagiere starten und Deutschland verlassen. Eine Landung in Deutschland ist aber erst wieder möglich, wenn die betroffene Fluggesellschaft den Nachweis der Reparatur erbracht und per Fax das LBA benachrichtigt hat. Dann sind beim nächsten Aufenthalt sofort die Abgesandten des LBA vor Ort, um dies zu kontrollieren.

Flugzeuge an der Kette

Bei schweren technischen Mängeln, bei der die Flugsicherheit gefährdet ist, erteilt das Luftfahrt-Bundesamt ein Startverbot. Die Maschine darf den Boden nicht mehr verlassen, bis der Fehler behoben ist. Bei defekten Treibstoffleitungen zum Beispiel wird ein solches Startverbot verhängt.
Für die betroffenen Airlines kann dies verhängnisvoll werden, denn die Kosten steigen rasant. Allein das Bußgeld, das vom LBA für gravierende Verstöße ausgesprochen wird, kann mehrere 10.000 Euro betragen. Dazu kommt die Liegegebühr, die der Airport verlangt. Weitere Nachteile entstehen durch den Ausfall des Fluggeräts, mit dem ja Geld verdient werden sollte. Gebuchte Passagiere müssen mit anderen Unternehmen fliegen. Ganz zu schweigen vom Imageverlust. Am Ende steht die Reparatur selbst, die dem kritischen Urteil der Kontrolleure standhalten muß.

Die Checks zeigen Wirkung. So meiden exotische Billig-Airlines mit fliegenden Schrotthaufen – etwa aus Afrika oder dem Ostblock – den deutschen Luftraum. Das LBA führt eine Kartei über jede Fluggesellschaft und die kontrollierten Flugzeuge. Im Jahr 2001 wurden über 600 Jets ausländischer Airlines überprüft, 13 mal wurde ein Startverbot verhängt, 9,3 Prozent hatten Mängel, 88,5 Prozent waren ohne Beanstandung.

Gebühren gegen Umweltsünder

Die Flughäfen setzen ebenfalls viel daran, die Airlines zum Einsatz neuester und leiserer Technologie zu bringen. Saftige Aufschläge in Höhe des Sechsfachen der Landegebühren vergällen den Betreibern alter Maschinen die Reise nach Deutschland. So verlangt zum Beispiel Hannover für die Landung eines Airbus A 330 neun Euro pro Tonne Höchstabflugmasse (MTOM), von einer alten Boeing 707 hingegen 54,61 Euro pro Tonne. Frankfurt kassiert für Flugzeuge der lautesten Kategorie pro Flugbewegung einen Zuschlag von 5.000 Euro, nach 22:00 und vor 06:00 Uhr Ortszeit sogar noch einmal 12.500 Euro zusätzlich! Das Geld wird unter anderem für Lärmschutzmaßnahmen am Flughafen verwendet.

Die Maßnahmen greifen. Airlines wie Air Kazakhstan trennen sich von ihren betagten und unwirtschaftlichen Tupolevs, Ilyushins und Yaks und tauchen unvermittelt mit den neuesten Maschinen vom Typ Airbus auf.

Eine Maschine aus den Vereinigten Arabischen Emiraten – von Fahrzeugen umzingelt

Endlich: Das Boarding

Lufth
24
münchen
Airbus A310
Freuden
CR

11. Tanken

Das Frankfurter Kerosin-Tanklager

Einmal Volltanken! 40.000 Euro bitte

Das größte Passagierflugzeug der Welt, die Boeing B 747-400, kann bis zu 210.000 Liter schlucken. Allerdings wird bei Flugzeugen nicht nach Litern getankt, sondern nach Kilogramm und Tonnen. Der Grund: Eine Berechnung nach Volumen wäre wegen der wärmebedingten Ausdehnung zu ungenau. Außerdem kommt es eher selten vor, dass die Tanks randvoll gemacht werden. Jede überflüssige Tonne Sprit erhöht auch den Kraftstoffverbrauch beim Fliegen. Daher lässt der Kapitän vorher den benötigten Sprit genau ausrechnen. Zwar reichen fünf Prozent Sicherheitsaufschlag normalerweise aus. Dennoch muss in den Tanks auch zusätzlich das Kerosin für wetterbedingte Umwege und den Flug zum nächsten Ausweichflughafen enthalten sein.

Wer in dem geschäftigen Treiben auf dem Vorfeld eines Flughafens Tankwagen sucht, wird oft enttäuscht. Sie scheint es nicht mehr zu geben. Wie aber gelangt der Sprit aus den Ölhäfen Europas in das Flugzeug am Gate A 23?

Kerosin fließt in Strömen

Die neun größten Mineralölgesellschaften und die Deutsche Lufthansa haben sich zu der Hydranten-Betriebsgesellschaft (HBG) zusammengeschlossen. Das flughafeneigene Tanklager mit einem Fassungsvermögen von 186 Millionen Liter Kerosin wird über einen Hafen in Frankfurt-Kelsterbach gefüllt. Von diesem führen zwei Pipelines zum Airport. Darüber hinaus wird die Anlage über das NATO-Netz versorgt. Und zusätzlich gibt es einen weiteren Anschluss zu einer Pipeline direkt aus Rotterdam.

Aus den Tanks läuft der Sprit über ein rund 55 Kilometer langes Unterflur-Betankungssystem vom Großtanklager über Pipelines zu den einzelnen Flugzeugpositionen. Die klassischen Tankfahrzeuge werden nur noch an Flughäfen oder Parkpositionen gebraucht, an denen keine Kerosin-Hydranten installiert sind. In Frankfurt können die Flugzeuge über 300 im Boden eingelassene Kerosinventile betankt werden. Dazu fährt ein Dispenserwagen heran – eine fahrbare Pumpe, deren Schläuche an den Hydranten und an das Spundloch des Flugzeuges angeschlossen werden. Das Betankungssystem in Frankfurt gilt als eines der modernsten der Welt.

Verschiedene Computer überprüfen laufend das Tanksystem und stellen die Dichtheitskontrolle sicher. Obwohl 3.000 Liter Kraftstoff pro Minute durch die Schläuche laufen, dauert die Betankung eines Jumbos im Schnitt eine ganze Stunde. Bei einer eventuellen Undichtigkeit werden automatisch die Ventile geschlossen. Die kleinste erkennbare Leckmenge beträgt ein Liter pro Stunde.

Am Frankfurter Flughafen lag der Spitzenverbrauch an Kerosin im Jahr 2000 bei 15,6 Millionen Liter an einem einzigen Tag.

Ein Dispenserwagen bei der Arbeit

12. Vorfeld

Flugsteig B in Frankfurt

Gate-Management

Die wenigsten Passagiere mögen Positionen weit draußen auf dem Vorfeld. Lieber nehmen sie eine kilometerweite Hetzjagd zum letzten Gate eines Flugsteiges auf sich, als gleich in einen Bus einzusteigen und sich bequem zum Flugzeug chauffieren zu lassen. Das Verhältnis in Frankfurt ist 134 Außen- zu 63 Gebäudeplätze. Der zweite deutsche Großflughafen München hat ein Verhältnis von 54 zu 60.

Wie wird entschieden, an welcher Stelle ein Flugzeug geparkt wird? Ob es auf einer Außenposition stehen muss? Oder an einem der Flugsteige? An welchem Terminal? An welchem Gate?

Es sind viele Faktoren, die dabei berücksichtigt werden müssen. So etwa, welche Gates für welche Maschinen von der Spannweite und Höhe der Türkante her geeignet sind. Ist ein Einrollen möglich? Die Nähe zu den Abfertigungsschaltern spielt eine Rolle genau so wie viele Umsteigepassagiere auf Maschinen der gleichen Airline kommen. Wer hat einen freien Gate-Slot? Kommt die Maschine aus dem Ausland, Inland oder Übersee? Kommt sie

Überwachung der Gates (Gate Management) in Frankfurt

„Stelldichein" der weiten Welt. Terminal II in Frankfurt bei Nacht

„Follow Me“

Die Einweiser helfen den Piloten, ihre Maschinen präzise zu parken

aus einem „Schengen-Staat“? Falls ja, ist der Flug dann auch zollbefreit oder nicht? Ist das Ziel oder der Abflugort Israel, England oder USA? Nebenbei: Türkische und griechische Airlines dürfen nicht nebeneinander gestellt werden. Auch die Nachbarschaft von MEA, ElAl oder der Syrian Arab Airlines muss vermieden werden. Überfliegt sie amerikanisches Territorium z.B. auf dem Weg nach Mexiko? Gibt es derzeit zwischen zwei Nachbarstaaten einen schwelenden Konflikt, wie etwa zwischen Indien und Pakistan, dann parkt man die Air India und die PIA möglichst weit auseinander. Die Gefahr einer handfesten Auseinandersetzung am Gate wäre zu groß. Die elegante Zuweisung eines anderen Flugsteiges lässt solche Probleme erst gar nicht entstehen.
Passagiere für Flüge nach England und den USA unterliegen einer weiteren Sicherheitsüberprüfung. Für die Zeit, in der diese Maschinen abgefertigt und beladen werden, herrscht höchste Sicherheitsstufe. Kein anderes Flugzeug darf in ihre Nähe. In der Nähe patrouillieren zusätzliche Streifen, Wachen und Sicherheitskräfte. Der Passagier muss noch einmal durch eine Schleuse, Schuhe werden geröntgt, Pass und Ticket überprüft.
Das letzte, was der Flughafen seinen Gästen zumuten möchte, ist ein kurzfristiger Gate-Wechsel, nachdem er diesen Hindernislauf bereits zweimal überstanden hat.

Straßenverkehr am Airport

Nun müssen natürlich alle die Außenpositionen genauso zügig bedient werden, wie die an den Flugsteigen.
Da gilt es den Überblick über das Gewühl von manchmal über 1.000 gelb-schwarzen bis rot-weißen Fahrzeugen zu behalten: Passagier- und Crewbusse, Feuerwehren, BGS-Panzerwagen, Zoll-Fahndungsfahrzeuge, Gepäck- und Catering-Trucks, Entsorgungsmaschinen, Hebebühnen, Motormäher, Follow-Me-Autos, fahrbare Gangways und Flugzeug-Traktoren. Der Fuhrpark des Frankfurter Flughafens setzt sich aus 15.000 Gefährten zusammen!

Flughafen-Idylle? Der Münchner Tower im Frühling

Gleich geht´s los

Selbstverständlich kann man es nicht den Piloten allein überlassen, wie die Flugzeuge zu ihrem Abstellplatz gelangen. Zu diesem Mühlespiel mit Flugzeugriesen gehören Vorausplanung, Übersicht, Detailkenntnis in die Abläufe der Flugzeugwartung, Augenmaß und Einfühlungsvermögen. Bereits bei der Anlassfreigabe und dem Pushback wird berücksichtigt, welcher Wirbelschleppen-Kategorie der betreffende Jet angehört. Das heißt, die Maschine wird für die spätere Staffelung schon mal in die richtige Reihenfolge gebracht. Wichtig ist auch, welche Richtung das Flugzeug nach dem Start einschlagen wird.
Ground- und Apron Controller, die für Flugsicherung und Flughafen diese

Schneeräumfahrzeuge im Kampf gegen das Wetter

Aufgabe übernehmen, benötigen Fingerspitzengefühl und manchmal auch einen guten Schuss Humor: Piloten, die ihre Flugpläne einhalten wollen, sind zwangsläufig ungeduldige Partner. Manche Flieger sind auch ungehalten, weil sie etwa an die Opernkarten für sich und die Gattin denken – Beethovens Fidelio, Sondervorstellung des Ensembles der Mailänder Scala, Erste Reihe Mitte, die Karte für 130 Euro. Und jetzt kommt so ein Vorfeldlotse daher und erzählt, dass man 90 Minuten Delay habe.[1]

Die Ground-, Vorfeld- oder Apron-Bediensteten sind auf den meisten Airports Angestellte der Flughafengesellschaft, während die Fluglotsen auf dem Tower von der jeweiligen nationalen Flugsicherungsagentur bezahlt werden und hoheitliche Aufgaben wahrnehmen. Bei uns übernimmt diese Aufgabe die Deutsche Flugsicherung (DFS).

Leise rieselt der Schnee...

Es bedarf schon einer Schneekatastrophe, um einen internationalen Flughafen an der weißen Pracht ersticken zu lassen. Andererseits bedeutet das Großeinsatz für die Schnee- und Eisräumbereitschaft. Denn der Airport muss so lange es irgendwie geht, für die interkontinentalen Flüge, die ja bereits sechs, acht oder zehn Stunden zuvor gestartet sind, offen gehalten werden. Einen Flughafen mit 6,5 Millionen Quadratmetern Betriebsfläche schnee- und eisfrei zu räumen, erfordert eine ganze Armee von Kettensklaven, die 24 Stunden am Tag malochen. Diese Fläche entspricht nämlich der Länge einer Autobahnspur vom Frankfurter Kreuz bis nach Regensburg. Dazu sind im relativ milden Frankfurt sechs Schneefräsen und 23 Kehrblasgeräte verfügbar, die hintereinander gestaffelt jede der vier Kilometer langen und 60 Meter breiten Start- und Landebahnen innerhalb von 30 Minuten mechanisch reinigen. Eine Flotte von Lastwagen sowie Radladern gehört dazu, die tonnenweise Schnee entfernen.

Acht Multi-Enteiser fahren danach über den Asphalt und versprühen biologisch abbaubares Essig-Acetat, damit auch das letzte Eis schmilzt und neuer Schnee nicht so schnell eine Chance hat.

1) Auszug aus „Fluglotsen - Hinter den Kulissen des Luftverkehrs" von Andreas Fecker, GeraMond Verlag, München, 2001

Mit Alkohol gegen Väterchen Frost

Eine der weniger bekannten Eigenschaften von Alkohol ist der Einsatz als Enteisungsmittel auf Flughäfen. Isopropylalkohol oder Glykol, vermischt mit Zusatzstoffen, helfen im Winter die Vereisungen auf Pisten aufzutauen und Flugzeuge von den eiskalten und gefährlichen Belägen zu befreien. Die Flughäfen gehen dabei je nach durchschnittlicher Niederschlagsmenge und temperatur unterschiedliche Wege. Gemeinsames Ziel ist es, aus Umweltschutz- und Kostengründen mit möglichst wenig Enteisungsmitteln eine maximale Wirkung zu erzielen. In Notfällen, wenn zum Beispiel nach einem Unglück ein Rettungsflugzeug starten muss, wird eine rasche Enteisung ausschließlich mit Hilfe der alkoholhaltigen Stoffe vorgenommen. Vor absehbarem Eisregen kann Urea, welches aus Harnstoffen gewonnen wird, präventiv eingesetzt werden. Aus Sicherheitsgründen muss die ganze Piste besprüht werden. Auf einer Startbahn von vier Kilometern Länge und 100 Metern Breite werden rund 36.000 Liter alkoholische Enteisungsmittel und 80.000 Kilogramm Urea für eine Enteisung verwendet. All diese Flüssigkeiten werden wieder aufgefangen und geklärt.

Enteisung eines Flugzeugs im Winter

Klareis auf den Tragflächen ist gefährlich

Viele Quadratkilometer Flugbtriebsfläche müssen von Schnee und Eis befreit werden

Vereisung

Verschneite und vereiste Landschaften gehören zu dem Beeindruckendsten was die Natur zu bieten hat. Ein langer winterlicher Spaziergang bei tiefen Temperaturen ist aber nicht nur ein ästhetisches Erlebnis. Er macht auch deutlich, dass die klirrende Kälte ihren Tribut fordert. Ihr schutzlos ausgeliefert zu sein, bedeutet Erstarrung und damit das Ende des Flugbetriebs.
Neben der natürlich immer im Vordergrund stehenden Sicherheit ist insbesondere der Schutz der Umwelt ein wichtiges Kriterium beim Einsatz von Chemikalien. Die Entwicklung speziellen Glykol-Wasser-Mischungen, die je nach Temperatur- und Wetterbedingungen eingesetzt werden, setzt dem Umfeld weniger zu als früher. Diese Substanzen verhindern nicht nur die Vereisung, sondern sind vollständig biologisch abbaubar.
Das für die Umwelt beste Enteisungsmittel ist aber immer noch das, welches nicht verbraucht wird. Deshalb geht die Entwicklung im Bereich der Flugzeugenteisungsmittel hin zu immer leistungsstärkeren Substanzen. Durch ihren ständig verbesserten Wirkungsgrad wird der Vereisungsschutz immer dauerhafter. Dennoch gelingt es, ihre Schädlichkeit für die Umwelt mehr und mehr zu reduzieren. Dies ist die Zielsetzung der modernen chemischen Forschung.

Saubere Tragflügel

Die größte Aufmerksamkeit wird bei der Enteisung den Tragflächen der Flugzeuge geschenkt. Bei den Flügeln kommen nämlich die physikalischen Gesetze der Aerodynamik ins Spiel, die das Fliegern überhaupt erst ermöglichen. Bewegt sich ein Flugzeug vorwärts, strömt Luft über seine Tragflächen und erzeugt so wegen der gewölbten Form den notwendigen Auftrieb. Gleichzeitig entsteht aber wegen des Luftwiderstandes eine entgegengesetzt wirkende Kraft. Die Größe des Auftriebes eines Flügels hängt unter anderem von einer gleichmäßigen Luftströmung ab. Sie soll ungehindert den Konturen der Flügel folgen. Dazu müssen die Flächen aber „aerodynamisch sauber" sein. Bei Eisansatz kann sich dieser Zustand dramatisch verschlechtern.
Dabei stellt trockener, leichter Pulverschnee auf den Tragflächen nicht das große Problem dar, zumal dieser mit einem Besen recht schnell weggefegt werden kann. Mehr Sorgen bereitet den Wartungsteams und Piloten das so genannte Klareis, welches an den

Schön anzusehen, aber gefährlich: Schnee und Eis können den Flugverkehr erheblich beeinträchtigen

Tragflächen einen Eispanzer von bis zu 20 Millimeter Dicke bilden kann. Dafür sind in erster Linie die vom letzten Flug in den Flügeltanks verbliebenen Treibstoffreste verantwortlich, die sich während des Flugs auf bis zu 30 Grad unter Null abgekühlt haben und nun die Flügel abkühlen. Bei hoher Luftfeuchtigkeit gefrieren die Wassertröpfchen der Luft blitzschnell an den Tragflächen und führen zur Vereisung.

Gewichtsprobleme

Die Gefahren, die von diesem Klareis ausgehen, können verschieden Auswirkungen haben. Wenn sich zum Beispiel bei Flugzeugen wie der Tupolev TU-154, der DC-10 oder der Boeing B-727 während des Starts gefrorene Stücke von den Flächen lösen, können diese von den Hecktriebwerken angesaugt werden und bedrohen das Triebwerk.

Klareis kann sich zudem über die am Rumpf installierten Messinstrumente legen und dem Piloten somit falsche Werte anzeigen. Sogar mit einem Gewichtszuwachs muss gerechnet werden, der die Flugleistungen beeinträchtigt. Im ungünstigen Fall reicht dann selbst die längste Piste für den Start nicht mehr aus.

Eine wahre Herausforderung für die Enteisungs-Teams der Flughäfen bildet noch immer hartnäckig anhaltender Schneefall. War bis vor wenigen Jahrzehnten unter solchen Bedingun-

gen ein Start noch unmöglich, so nehmen die Teams heute auch diese meteorologische Herausforderung an. Mit Hilfe von neu entwickelten Enteisungstechniken und so genannten präventiven Anti-Icing-Verfahren soll der Betrieb weiter gehen können. Der Schutz vor Vereisung des Flugzeugs besteht jedoch auch mit dem speziellen Schutzfilm nur für eine gewisse Zeit, der sogenannten Haltezeit. In diesem Zeitraum muss das Flugzeug starten, sonst muß aufs Neue eingesprüht werden. Für das Besprühen gibt es zwei Möglichkeiten:
Stationäre Anlagen, die wie in einer überdimensionierten Auto-Waschstraße die Jets einsprühen. Dieses System hat den Vorteil, dass die Enteisungs-Mixtur gleich wieder aufgefangen und zur Wiederverwertung gesammelt werden kann. Aufgrund der unterschiedlichen Flugzeuggrößen ist das System nicht für alle Flugzeuge geeignet und die Flughäfen haben nach wie vor auch Sonderfahrzeuge zur Enteisung zur Verfügung. Stationäre Anlagen stehen zum Beispiel am Münchner Airport.
Auf dem Flughafen Frankfurt/Main dagegen wird mit heranfahrenden Sonderfahrzeugen, deren Sprüharme weit ausholen, enteist.
Das Enteisen hat allerdings seinen Preis: Die Enteisung einer Antonov-225[2], die 2001 auf dem Stuttgarter Flughafen eingeschneit wurde, kostete den Betreiber mehr als 50 000 Euro.

50.000 Dollar kostete die Enteisung dieser Antonov

2) das derzeit größte Flugzeug der Welt

13. Flugsicherung

„Frankfurt Tower, LH 612, approaching 07 Left."
„LH612, able for rolling departure in front of a B757 4 miles final?"
„Affirm, LH612"
„LH612, cleared rolling take off RWY07 Left, wind 110, 7 knots."
„LH612, cleared for take-off 07L, we´re rolling"
„United 722 Heavy 3 miles, Lufthansa in sight."
„UAL722 continue, expect landing clearance short final, departure is rolling"
„Speedbird 551 vacating RWY 07R for taxi"
„Speedbird 551 taxi via taxiway C and B. Departing traffic on 07 Left."
„Roger Speedbird 551 via C to B"
„LH 3344 ready departure runway 18"
„United 722 wind 120 5 knots cleared to land 07L. LH 3344 wind 110, 6 knots cleared for take off RWY18, when airborne contact departure on frequency 120.15..."

So geht das stundenlang während der Stoßzeiten auf dem Tower von Frankfurt Airport. Trotzdem hat der Controller noch Zeit, mit dem Feldstecher bei den anfliegenden Maschinen das Fahrwerk zu überprüfen, den Kaffee umzurühren und den neuen Haarschnitt des Kollegen zu bewerten. Der Controller findet Zeit, sich über die harte Landung der 747 lustig zu machen und seinem Assistenten vorzuschlagen, „frag doch mal bei der Qantas nach, zu welchem Gate Käpt´n Kanguruh hüpfen soll." Schließlich setzt sein Assistent noch einen drauf: „Vielleicht sollten wir einen Chiropraktiker für die Passagiere vorbeischicken?"

Das darf jedoch nicht darüber hinwegtäuschen, dass Fluglotsen stets hochkonzentriert sind, alle Abläufe, Strecken sowie Positionen der an- und abfliegenden Maschinen im Kopf haben. Dazu gehört ein vierdimensionales Luftlagebild: stets wissend, zu welcher Zeit bei wieviel Meilen sich welche Maschine mit welchem Rufzeichen und in welcher Höhe befindet.

Schneller als der Flieger

Damit allein ist es nicht getan. Es ist nicht nur erforderlich, zu wissen, wo die einzelnen an- und abfliegenden Jets gerade kreisen. Bei diesem Job kommt

es auf die Fähigkeit an, in die Zukunft zu denken. Also sich ziemlich genau vorstellen zu können, über welcher Stelle die Flugzeuge in einer oder zwei Minuten ankommen. „Think ahead of the aircraft" – schneller zu sein als das Flugzeug, nennen das die amerikanischen Piloten. Bei den Lotsen geht es nicht nur darum, die Position eines, sondern mehrerer Flugzeuge in die Zukunft zu projizieren. Hinzu kommen spezielle Abläufe, die sich zum Beispiel aus den Absprachen mit der zuständigen Anflug- und Abflugkontrollstelle ergeben. Dazu zählt das Wissen, dass bestimmte Rollbahnen nur von Maschinen bis zu einer festgelegten Abflugmasse benutzt werden können. Auch die Wirbelschleppenkategorie muss bei der Bestimmung der zeitlichen Abflugintervalle berücksichtigt werden. Nicht zuletzt kommt es auf die so genannten „Slots" an, jene Zeitfenster, die von den europäischen Luftstraßenverwaltern in Brüssel für jeden Flug vorgeschrieben werden.

Die Fluglotsen garantieren die sichere und zügige Abwicklung von Starts und Landungen

München Airport

Ruhig und relaxt geben sie routineartige Anweisungen, stets zur sicheren Seite, mal auch mutig im Sinne einer zügigen Arbeit, die Verantwortung auf sich nehmend. Und stets haben die Frauen und Männer dieses Dienstes eine alternative Lösung im Ärmel, falls das Mühlespiel nicht wie geplant aufgehen sollte.
Dabei müssen sie nicht nur Profis bei der Verkehrsabwicklung sein, sondern hin und wieder die Fähigkeiten eines Psychologen aufweisen. Ganz besonders, wenn sich an Bord eines Flugzeugs bestimmte Probleme ergeben oder wenn sich weniger geübte Privat- oder Hobbypiloten auf einen internationalen Flughafen wagen. Dann heißt es auch, sich auf die Seelen- und Gemütslage seiner Kunden einzustellen.

Ordnung muss sein

Die wichtigste Aufgabe des Lotsen bleibt, die Flugzeuge nach den international festgelegten Vorschriften zu staffeln. Dies bedeutet nichts anderes, als sie durch einen bestimmten Abstand voneinander zu trennen. Für den Betrieb an manchem Flughafen hat das die Konsequenz, dass immer nur ein Flugzeug starten oder landen kann. Deshalb stehen sich besonders zu den Hauptverkehrszeiten die Jet- und Propellermaschinen oftmals ihre Fahrwerke in den Bauch, bevor sie auf die Piste rollen und ihren Start beginnen können. „Delay" nennen dies die Fluggesellschaften und beklagen es heftigst. Dabei sind sie nicht ganz unschuldig an dieser Situation. Natürlich möchten die Airlines ihren Kunden einen optimalen Flugplan anbieten; aber dass immer nur ein Flugzeug zu einer bestimmten Zeit starten kann, wird dabei oftmals außer Acht gelassen.
Auch die Abflüge bedürfen sorgfältiger Planung. Denn nach dem Start können die Flugzeuge nicht nach dem Motto „Aus den Augen, aus dem Sinn" einfach vergessen werden. Vielmehr müssen die Controller auch nach dem Start der Flugzeuge die vorgeschriebene Staffelung gewährleisten. So darf ein etwas langsamerer Turboprop wie eine ATR42 oder eine Kingair nicht unmittelbar nach dem Start von einer schnelleren Maschine wie eine B737 oder einem Learjet überholt werden. „Anfangsabflugstaffelung" nennen das die Mitarbeiter der Flugsicherung. Wer sich als Passagier darüber ärgert, dass es am Rollhaltepunkt einfach nicht weitergeht, sollte daran denken, dass den Lotsen primär an der Sicherheit gelegen ist.
Dies gilt natürlich auch an Flughäfen, an denen weniger Verkehr herrscht als auf den großen deutschen „Mega-Airports", zu denen neben Frankfurt auch München und Düsseldorf gerechnet werden müssen. Denn besonders an den mittelgroßen Airports wie zum Beispiel in Hamburg, Köln-Bonn oder Stuttgart sind die Lotsen ebenso gefordert, auch wenn da der Himmel nicht unbedingt voller Jumbos hängt. An diesen Luft-Bahnöfen ist die Zusammensetzung des Flugverkehrs allerdings von brisanter Art: Da starten und landen Jets, Sportflugzeuge oder Regional-Airliner und erfordern ein anderes

Management als an den großen Flughäfen mit überwiegend schweren Geräten. Das ist mitunter gar nicht so einfach, weil die Privatpiloten in der Regel weniger Übung haben als die Profis in ihren Airbus- und Boeingmaschinen.

Schilder führen durch das Labyrinth

Doch selbst die Berufspiloten verlieren auf den großen Flughäfen mit ihren zahllosen Asphaltwegen mitunter die Übersicht. Dabei scheint es bereits am Tag für die Besatzungen nicht ganz einfach zu sein, den richtigen Weg durch die Betonwüste eines Flughafens zur Piste oder nach der Landung zum vorgesehenen Abstellplatz oder zum richtigen Gate zu finden. „Taxi holding position runway 25 via taxiway „Alfa", „Charlie" and „Golf"". So könnte die Freigabe des Roll-Lotsen lauten. Eventuell noch gefolgt von der Auflage, erst nach der von rechts kommenden B757 loszurollen und vor der Kreuzung mit einem weiteren Rollweg oder gar einer anderen Piste anzuhalten und dort für eine weitere Anweisung nachzufragen.

So stellt sich für die Cockpitcrew die Frage, wie sie denn nun von ihrem Abstellplatz oder Flugsteig zur Rollbahn „Alfa" kommen und erkennen kann, dass es sich hierbei um „Alfa" und nicht um „Bravo" oder gar um „Echo Three" handelt.

Position „A 2" am Rollweg zur Piste „7L" und „25 R"

Position „H“: Hier geht es links nach „S4“ oder rechts nach „S“

Ab hier beginnt die Sicherheitsfläche bei Allwetterbetrieb

Dabei läuft der Betrieb eines Flughafens ähnlich ab wie im Straßenverkehr. Auch hier gibt es feste Regeln und stehen Gebots- bzw. Verbotszeichen sowie Hinweistafeln. Sie zeigen etwa an, in welche Richtung der Jet rollen soll oder wo er ohne Rücksprache mit dem Roll- oder Apron-Lotsen weiter fahren darf.

Die Standortzeichen zeigen in gelber Schrift auf schwarzem Grund an, wo sich die Maschine gerade befindet. Die Wegweiser oder Zielzeichen, die dem Piloten die nächste Richtung anzeigen, sind in schwarzer Schrift auf gelbem Grund ausgeführt. Gebots- oder Verbotszeichen präsentieren sich in weißer Schrift auf einem roten Schild.

Sie markieren zum Beispiel die Einmündungen der Rollbahnen in die Piste oder den Roll-Haltepunkt nahe der Startbahn. Hier geht es dann erst nach der Freigabe durch den Tower weiter. Der Abstand dieses Punktes ist davon abhängig, ob an dem Flughafen „Allwetterbetrieb" der Kategorien CAT I, II oder III stattfindet. Die höchste Stufe bedeutet, dass die Wetter- und Sichtbedingungen entsprechend schlecht sind. Auch hier werden je nach Kategorie die entsprechenden Anweisungen vom Tower gegeben
Die meisten Tafeln können auch nachts und bei Nebel gut erkannt werden, weil sie beleuchtet oder zumindest aus reflektierendem Material hergestellt sind. Auch die starken Lande-Scheinwerfer der Flugzeuge können dabei helfen.

Nacht auf dem Airport

Wenn Nacht eingekehrt ist, erstrahlt das ganze Areal als Meer von Lichtern. Da sind einmal die Glasflächen und Fenster des Flughafens, zum anderen werden die Betriebsflächen mit Halogenscheinwerfern taghell erleuchtet. Da sind die unzähligen Positionslichter der Flugzeuge und ihre gelb oder weiß aufblitzenden Antikollisions-Lichter, die Scheinwerfer und Warnblinklampen von Tausenden Fahrzeugen.
Aber am beeindruckendsten für den Beobachter erscheinen die kilometerlangen Ketten von weißen, blauen und grünen Lampen entlang der Rollwege und Landebahnen. Diese „Befeuerung" genannten Lichtspiele werden von einer großen Bedienkonsole im Tower gesteuert.

Tausende von Lampen erleuchten den Flughafen bei Nacht

Die Lichtpunkte der landenden Maschinen folgen den unsichtbaren Leitstrahlen des Blindanflugsystems am Boden. Vom Cockpit aus gesehen rasen kurze Blitze über das Lampensystem einen Kilometer vor der Pistenschwelle. Ein heller Teppich aus weißen Lampen breitet sich da aus und endet erst am Aufsetzpunkt, der durch grüne Lichtreihen markiert ist. Auf der Bahn selbst helfen Unterflurleuchten im Boden bei der Orientierung nach der Landung.

Licht an!

Die Rollbahnen oder englisch: Taxiways, werden von blauen Lichtern eingerahmt. An großen Flughäfen weisen zudem grüne Unterflurlichter der flugzeugbesatzung den Weg. Bei Nebel und schlechter Sicht leisten diese Lampen wertvolle Dienste. Zum großen Lichtermeer gehören auch illuminierte Rollhaltemarkierungen am Boden, die den Piloten vor einem irrtümlichen Einbiegen in die Landepiste warnen. Fehlende oder schlecht beleuchtete Balken führten schon zu vielen Unfällen.

Fliegen, wenn die Vögel zu Fuß gehen

Bei schönem Wetter taucht der Airport für die Besatzung meist schon vor dem direkten Landeanflug am Horizont auf. Ein anderes Bild hat die Crew allerdings nachts und bei schlechter Sicht vor Augen. Wenn selbst die Vögel zu

EIn Lichtermeer führt zum Aufsetzpunkt der Piste

Blaue Niedervoltlampen markieren die Rollwege

Fuß gehen, herrscht am Flughafen Anspannung.
Doch auch auf derartige Fälle sind die Flughäfen vorbereitet. Mit Hilfe einer elektronischen Landehilfe (ILS) kommen selbst bei widrigsten Wetterbedingungen die Maschinen sanft und sicher an den Boden. Das so genannte ILS erhält mehr und mehr Konkurrenz durch die Satellitentechnik, zurzeit als „Global Positioning System" (GPS) in Betrieb. Aus der Abhängigkeit von diesem amerikanischen System wollen sich die Europäer Ende des Jahrzehnts befreien. Dann soll nämlich ihr eigenes Navigationssatelliten-Projekt „Galileo" starten.
Bis es so weit ist, landen die meisten Flugzeuge noch mit Unterstützung des ILS. Die Landehilfe arbeitet mit drei unterschiedlichen Genauigkeitsstufen, den bereits erwähnten drei Kategorien oder Betriebsstufen CAT I, II und III. Je schlechter die Sichtbedingungen beim Anflug sind, um so höher wird die Betriebsstufe festgelegt. Die Crews müssen dafür die entsprechende Qualifikation haben. So wird etwa nach einem intensiven Training im Simulator

Landung eines Jumbos in Frankfurt

die Stufe II in der Fluglizenz eingetragen.
Präzision ist dabei nicht nur bei den Crews gefragt. Auch die Koordination zwischen der Flugsicherung und dem Flughafen muss bei extremen Wetterlagen funktionieren. Sinkt die Wolkenschicht über dem Flugplatz auf weniger als 100 Meter, dann leiten die Lotsen die sogenannte „Bereitstellungsphase" ein.

Nebel und die Folgen

Für die Verantwortlichen der Flughafengesellschaft bedeutet dies, dass die „Sensitive Area" von jeglichen Hindernissen frei gemacht und von Fahrzeugen geräumt werden muss. Eine Fläche von 150 Meter auf beiden Seiten der Piste sowie ein jeweils 300 Meter langer Streifen vor und hinter der Landebahn ist von dieser Anordnung betroffen. Der Grund: Je schlechter das Wetter, umso präziser müssen die Anflüge sein. Dies setzt allerdings störungsfreie Signale des ILS voraus. Bei der höchsten Anflugstufe, dem CAT III, übernimmt sogar der Autopilot die Steuerung der Maschine – bis zur Landung und einige Meter danach.

Allwetterbetrieb kostet Zeit

Verschlechtert sich die Sicht auf der Landebahn auf weniger als 600 Meter und sinkt die so genannte Wolkenuntergrenze unter 200 Fuß, dann wird der Betriebszustand nach CAT II mit allen entsprechenden Vorsichtsmaßnahmen ausgerufen. Die Betriebsstufe III gilt ab einer Pistensichtweite von weniger

Landung einer Maschine der Delta in Frankfurt

als 325 Metern. Hier werden die Sicherheitsabstände noch einmal vergrößert. Bei CAT II wird die Rollbahn- und Pistenbefeuerung mit der farblich kodierten Rand- und Mittellinienbefeuerung aktiviert. Am Ende der Taxiways werden die Halte- und Abrollpositionen besonders markiert. Die „Stop-Bars" stehen an den Rollhalteorten für den CAT II - bzw. CAT III – Zustand. Erst wenn der Tower-Lotse die Erlaubnis zum Weiterrollen erteilt, dürfen die Crews ihre Flugzeuge zur Startbahn steuern. Mit diesen Signallichtern, die auch bei schlechter Sicht gut erkennbar sind, soll verhindert werden, dass sich die Maschinen irgendwie in die Quere kommen.

Natürlich kann bei diesem „Allwetterbetrieb" der Verkehr nicht so flüssig wie bei strahlendem Sonnenschein abgewickelt werden. Das hat verschiedene Gründe. Zum einen wird von den Besatzungen größere Aufmerksamkeit gefordert, die ihre Jets auch langsamer über den Pistenasphalt bewegen. Das gilt für den Weg zum Start ebenso wie für die Strecke zwischen Landung und Abstellposition.

Für das Einschwenken auf die Piste muss mehr Zeit einkalkuliert werden, da sich der Rollhalt, wie erwähnt, weiter von der Startbahn entfernt befindet. Auch der größere Abstand zwischen den anfliegenden und abfliegenden Maschinen führt zu weiteren Verzögerungen.

Diese Verzögerungen sollte man als Passagier aber ohne Murren in Kauf nehmen. Es geht hierbei ausschließlich um die Sicherheit im Flugverkehr und somit um die eigene Sicherheit.

14. Crash-Fire-Rescue

„Achtung, Achtung, Achtung. Eine Boeing 757 der Pan-African-Airways mit ernsthaften Hydraulik-Schwierigkeiten, Ausfall von Landeklappen, Höhen- und Seitenruder. Die Maschine befindet sich jetzt 15 Meilen im Endanflug auf Piste 27 Links. Die Maschine hat 89 Menschen an Bord, davon 7 Besatzungsmitglieder. Resttreibstoff etwa 3.000 Liter Kerosin. Verfahren Sie nach Anweisung."

120 Sekunden

Solche Luftnotlagen mit Ansage sind jedem Einsatzleiter wohl willkommener als jene, die ohne große Vorwarnung geschehen. Die Einsatzkräfte der Feuerwehr haben dann mehr Zeit, sich darauf vorzubereiten. Sie zeichnen sich durch einen hohen „Readiness-State" aus, also jederzeit bereit, einen der drei Löschzüge in Stellung zu bringen, bei Großraummaschinen sogar zwei. Jeder Flughafen muss der internationalen Luftfahrtorganisation ICAO nämlich garantieren, innerhalb von 120 Sekunden jeden Punkt des Start- und Landebahnsystems zu erreichen. Der Zeitdruck ergibt sich aus der Kenntnis des im Flugzeugbau verwendeten Aluminiums, das bei 480 Grad Celsius schmilzt und starkem Kerosinfeuer nur wenige Minuten standhält.

Der Einsatz von Rettungsfahrzeugen muss geordnet vonstatten gehen

Wasser marsch!

Die Flaggschiffe der Flugzeugbrandbekämpfung sind die 1.250 PS starken vierachsigen Großtanklöschfahrzeuge des Typs „Simba". Einer Menge von 12.000 Litern Wasser kann je nach Einsatzart zwei mal 600 Liter Schaum oder zwei Tonnen Löschpulver beigemischt werden. Der Löschangriff erfolgt über eine 280-PS-Pumpe, die einen auf dem Dach montierten Löschbalken antreibt. Die Spritzkanone wird über einen „Joy-

stick“ in der Fahrerkabine gesteuert. Der Löschwagen hat eine Selbstschutzeinrichtung für die Reifen. Muss das Fahrzeug beispielsweise durch brennendes Kerosin fahren, können die Reifen über sieben Wasserschaumdüsen mit je 60 Litern Wasser pro Minute gekühlt werden.
Zu jedem Löschzug gehören zwei dieser Großfahrzeuge, zusätzlich weitere Tank-Löscher, Geräte-, Schlauch- und Rüstwagen sowie Rettungscontainer. In diesen Behältern verstaut die Feuerwehr alles, was zur Rettung von Passagierenbenötigt wird.

Die Allzweckwaffe für Flugzeugbrände

Crash

Die Maschine mit Luftnotlage setzt zu früh auf und wird am Fahrwerk

Nur wer regelmäßig übt, kann im Ernstfall richtig reagieren

erheblich beschädigt. Der Jet kommt von der Landebahn ab und rast mit hoher Geschwindigkeit über eine Abstellfläche. Dort kollidiert die Maschine mit einem geparkten Flugzeug. Metall bohrt sich in Metall, eine Gepäckraumklappe springt auf, Koffer fallen auf das Vorfeld. Das gerammte Flugzeug fängt Feuer und wird Hunderte von Meter weit nach hinten geschleudert. Die Unglücksmaschine kommt zum Stehen. Die Türen werden aufgestoßen, die Notrutschen entfalten sich, Passagiere eilen aus dem Flugzeug und fliehen über den Asphalt. Es ist ein Bild des Infernos. Hell lodernde Flammen, brennendes Kerosin, Menschen überall.

Sekunden nach Stillstand der Maschinen rasen zwei Simbas heran, die Löschbalken auf das Wrack gerichtet. Noch bevor die Räder still stehen, zischt Löschwasser aus den Rohren. Weitere Spezialfahrzeuge kommen an der Unfallstelle an. Brandbekämpfer in feuersicheren Overalls und mit Atemgerät klettern auf die Boeing 757 und bergen die verletzten Passagiere.

Nur eine Übung

Der Flugbetrieb auf dem Frankfurter Flughafen läuft währenddessen weiter, denn die Luftnotlage war nur eine Übung für den Ernstfall. Einmal im Jahr muss die Flughafen-Feuerwehr bei so einer Großübung ihre Schlagkraft und reibungslose Organisation unter Beweis stellen.

Jeder Handgriff muss sitzen, wie bei dieser Übung am Frankfurter Flughafen

In wenigen Minuten werden die Zelte für die Behandllung der Verletzten aufgestellt

Mit der Triage werden die Prioritäten bei der Behandlung von Verletzten gesetzt

Material ist für alle Fälle dabei

Rettungs-Konzept

Die Großübung könnte zum Beispiel dann so ablaufen: Weitere Rettungsfahrzeuge rücken heran, je länger die Bergungsarbeiten dauern. Ein Meer von Blaulichtern beherrscht das chaotische Bild. Ein nicht enden wollender Konvoi von roten und weißen Wagen aus den umliegenden Gemeinden bewegt sich aufs Flugfeld vor. Dazwischen sind Hubschrauber von Polizei, Bundesgrenzschutz und Flugrettung in Aktion. Der On-Scene-Commander hat die Sache im Griff: Das kontrollierte Chaos an Einsatzkräften kommt gut voran. Innerhalb von wenigen Minuten werden Zelte aufgestellt, die Triage kann beginnen.

Das Wort Triage stammt von dem französischem Verb „trier“ ab und bedeutet sortieren. Die Verletzten werden nach Schwere und Dringlichkeit ihrer Verletzungen sortiert. So hart das klingen mag, aber bei einer Flugzeugkatastrophe handeln die Notärzte nach der Dreißiger-Regel: Für jeden am Unfall beteiligten Menschen können zunächst nicht mehr als 30 Sekunden Zeit aufgebracht werden, in denen der Patient kategorisiert wird. Die drei Kategorien lauten Rot, Gelb und Grün.

Rot bedeutet, der Flugzeuginsasse ist so schwer verletzt, dass er dringend medizinische Hilfe benötigt, um den Unfall zu überleben.

Gelb steht für Menschen, die ebenfalls behandelt werden müssen, aber nicht in akuter Lebensgefahr schweben. Auch ohne sofortige Unterstützung können sie den Unfall überleben.

Unter Grün fallen alle Personen, die nur leichte Verletzungen davon getragen haben und sich selber fortbewegen können.

Bewährt haben sich Tafeln, Bänder oder Aufkleber, die an den Verletzten angebracht werden können. Während nun ständig weitere Ärzte eintreffen, können diese sich der Verletzten gemäß der Prioritäten annehmen und sie entsprechend versorgen.

Emergency Response and Information Center (ERIC)

Die Krisenzentrale ERIC ist mit allen Mitteln ausgerüstet, die zur Krisenbewältigung am Flughafen benötigt werden. Dadurch ist der Flughafen auf Entführungen genau so gut vorbereitet wie auf Demonstrationen. Zu den möglichen Szenarien zählen Bombendrohungen, Naturkatastrophen und alle Unfälle auf dem Flughafen. Große Konferenzräume, Datenbanken und Videoanlagen schaffen gute Voraussetzungen für Krisenstäbe, die über einen längeren Zeitraum hier ihre Arbeit machen müssen.

Notfallinformationszentrum (NIZ)

Während die Verletzten in die umliegenden Krankenhäuser gebracht werden, beginnt in einem anderen Teil des Flughafens die Arbeit des Notfallinformationszentrums. Sobald der Flugzeug-Crash über die Medien bekannt wird, gehen Anrufe aus aller Welt ein. Die Medien wollen genaue Informationen und Fakten über den Unfall und verzweifelte Familienangehörige möchten wissen, ob ihre Kinder, Eltern, Geschwister oder Verwandte, aber auch Freunde unter den Überlebenden sind.

Das NIZ hat 27 Bildschirmarbeitsplätze und ist mit einer modernen Telefon- und Kommunikationsanlage ausgestattet. Jeder Mitarbeiter nimmt die Personalien, Adresse, Telefonnummer und Aufenthaltsort des Anrufers auf und trägt sie in eine Datenbank ein. Sobald Passagier-, Opfer- und Verletztenlisten bestehen, werden diese Daten ebenfalls erfasst. In der Regel gibt es über Tote keine Auskunft am Telefon.

Ordnung und Systematik bis ins kleinste Detail

15. Cargo

In wenigen Stunden kann heute Fracht um die halbe Welt transportiert werden

Flughäfen dienen nicht nur den Passagieren. Zunehmend gewinnt auch Fracht an Bedeutung. Dies lohnt sich jedoch nur, wenn effizientes Ground Handling, hohe Drehkreuzqualität, bestmöglichste Transportverbindungen, gute Kundenorientierung sowie moderne Anlagen und Lagerkapazität angeboten werden. Der Flughafen Frankfurt ist mittlerweile der größte Frachtumschlagplatz für Flugzeuge der Welt. Die Betreiber konnten die führenden internationalen Speditionen als Kunden und Investoren gewinnen. Rund 200 Firmen haben sich bereits in Frankfurts neuer „Boomtown", der CargoCity niedergelassen. Dabei verbessern sich die logistischen Strukturen mit jeder weiteren Niederlassung. Tausende von Arbeitsplätzen wurden dabei in wenigen Jahren geschaffen.

Rund die Hälfte des Frachtaufkommens in Frankfurt wird dabei als Beigabe in Passagiermaschinen transportiert. Aber auch Autos, Pferde, Maschinenteile, Post und Pakete landen in den dicken Rümpfen großer Frachtmaschinen. Die Kapazitäten des Frankfurter Flughafens sind tagsüber bereits ausgelastet. In den sogenannten Rand-

Tulpen, Ersatzteile, Post oder Autos

zeiten frühmorgens und abends drängt sich ebenfalls schon soviel Verkehr, daß die höchste Aufnahmefähigkeit bald erreicht ist. Es bleibt für die Fracht nur noch die Nacht.
Dies kommt auch dem Serviceanspruch entgegen, daß eine bestellte Ware doch bitteschön am nächsten Tag geliefert werden soll. Das von vielen Orten im Umfeld des Airports geforderte Nachtflugverbot hätte für den größten Frachtflughafen der Welt und für die Arbeitsplätze in der Speditions- und Logistikwirtschaft der Rhein-Main Region daher verheerende Folgen.

Weltweiter Warenverkehr zwischen Ost und West und zwischen Nord und Süd schaffen neue Möglichkeiten für die Wirtschaft

thansa
oeing 747-400
Bremen
WINDHO
R2

Big Business

Mit Flugzeugen kann man logischerweise nur Geld verdienen, wenn sie fliegen. Das gilt auch für die Luftfracht. Nachtflugbeschränkungen würden die Standzeiten am Boden erhöhen. So kostet jede Stunde Wartezeit 10.200 Euro. Allein für die Lufthansa Cargo Flotte mit 20 Großraumflugzeugen würde jede zusätzliche Stunde Standzeit pro Nacht auf das Jahr gerechnet Mehrkosten in Höhe von 61 Millionen Euro bringen. Wenn diese Kosten auf die Frachtpreise umgelegt würden, wären sie aus dem Geschäft. Und natürlich auch der Airport. Amsterdam, London und Paris warten schon darauf, daß sich die Bürgerinitiativen in Frankfurt durchsetzen. Diese Flughäfen haben nämlich keine Nachtflugbeschränkungen.

Während das Passagieraufkommen Frankfurts derzeit etwa 50 Millionen pro Jahr erreicht, kommt die Luftpost auf ca. 150.000 Tonnen, und die Luftfracht sogar auf 1,5 Millionen Tonnen! Alleine die Lufthansa Cargo hatte im Jahr 2000 einen Umsatz von über 2 Milliarden Euro.

Links: Ein großer Teil der Fracht wird als Zuladung zu Linienflügen transportiert

„CargoCity" in Frankfurt, eine Boomtown für den Warenaustausch

Beladen einer Boeing 747-200 von Lufthansa Cargo durch die Frontladetür

Lufthansa Cargo

16. Gebühren ...

Wovon lebt ein Flughafen? In erster Linie, so scheint es für den Laien, natürlich von Start- und Lande-Entgelten. Auf eine Basisgebühr, die sich in der Regel nach der maximal möglichen Abflugmasse (MTOM) richtet, kommen noch Zuschläge für den Nachtbetrieb. Auch Lärmzuschläge, Gebühren für die Passagiere, fürs Abstellen, für Bodenverkehrsdienste und Infrastrukturen gehören dazu. Natürlich verdient der Staat mit, denn zu allen diesen Abgaben addiert sich auch noch die Umsatzsteuer.

Das ist aber noch nicht alles: Denn immer stärker machen sich die Nebengeschäfte eines Flughafens in der Jahresbilanz bemerkbar. Unterschieden wird zwischen Aviation (Hauptgeschäft) und Non-Aviation (Nebengeschäft). Zu Aviation zählen Infrastruktur- oder Verkehrsentgelte wie Flughafengebühren, die teils behördlich geregelt sind. Die mittlerweile oft größere Einnahmequelle der meisten Airports befindet sich aber nicht auf Start- und Landebahnen, sondern in Terminals und Parkhäusern, wo mit Läden, Mieteinnahmen, Parkgebühren und Vermarktung Geld erwirtschaftet wird. So machte die Betreiberfirma des Frankfurter Flughafens im Jahr 2001 zwar 75 Prozent ihrer Umsätze mit dem Flugbetrieb, die Gewinne stammten aber zu 66 Prozent aus Nebengeschäften wie Einzelhandel, Immobilienverwaltung oder Parkraummanagement.

Die Flughafen-Gesellschaft lebt auch von Konzessionen und Vermietung ihrer Immobilien, Ladenflächen und Abfertigungs-Schalter. Hinzu kommen Einnahmen durch Duty Free bzw Travel Value, aus der Vermietung von Werbeflächen und Geschäfte mit Frachtgut.

Abbildung rechts: Hamburg: Parkhaus P5, im Hintergrund das Terminal 4

Der Flughafen München aus der Shopping-Perspektive

Die lästigen Parkgebühren: In dieser Hinsicht scheinen sich die Flughafen-Betreiber beim Abkassieren übertreffen zu wollen. Manche Reisende, die ihre Wagen nach einer längeren Geschäfts- oder Urlaubsreise aus dem Parkhaus holten, staunen über saftige Parkrechnungen. Das Flughafenparkhaus – eine Lizenz zum Gelddrucken?
Dabei sind es zunächst einmal gar nicht die Airports, die das lukrative Geschäft mit den Parkplätzen betreiben. Verantwortlich sind vielmehr Gesellschaften, die das Parkraum-Management verantworten. Natürlich sitzen die Airports mit im Boot, weil Parkhäuser meistens in ihrem Auftrag erbaut und dann zur Bewirtschaftung einem darauf spezialisierten Unternehmen übertragen haben. Eine dieser Firmen ist die APCOA, die aus der Airport Parking Cooperation of America hervorgegangen ist und für sich den Anspruch erhebt, in Deutschland der Marktführer beim Airport-Parking zu sein. Sie ist unter anderem an den Flughäfen Düsseldorf mit 12.000, Stuttgart mit 10.000, Berlin-Schönefeld mit 4.000 und am Baden-Airpark mit 1.500 Stellplätzen vertreten.

Damit die Kosten nicht ins Unermessliche rutschen, haben sich die Flughäfen die Preishoheit in der Regel vorbehalten. Das bedeutet, dass die Höhe der Parkgebühren nicht gegen den Willen der Gesellschaft durchgesetzt werden kann. Zudem orientieren sich die Ent-

Am Flughafen Frankfurt herrscht sieben Tage die Woche 24-Stunden-Betrieb

gelte an den verlangten Abgaben am Markt. Sind sie zu hoch, dann lassen sich Flugreisende verstärkt chauffieren oder benutzen öffentliche Verkehrsmittel. An „Mondpreisen" bei den Parkkosten ist weder den Flughäfen noch den Parkraumbetreibern gelegen.
Zudem sind die entsprechenden Unternehmen bemüht, ihren Kunden eine optimale Dienstleistung anzubieten. Das beginnt bei der Sicherheit durch die Überwachung des Parkverkehrs und die Bereitstellung von sauberen und hellen Parkplätzen. Dazu gehören auch differenzierte Gebührensätze für die verschiedenen Parkhäuser. Je weiter ein Parkhaus oder ein Parkplatz von den Terminals entfernt ist, um so geringer sind die Gebühren. Wer für drei Wochen in den Urlaub fliegt, dem wird ein etwas längerer Weg zum „Check-In" nicht so viel ausmachen wie dem eiligen Geschäftsmann, der auf den letzten Drücker zum Flughafen kommt.

150 Airlines fliegen Frankfurt an

17. Umwelt

Harmonisch eingebettet in die Landschaft: Stuttgart Airport

Die Liste der Umweltschutz-Maßnahmen, zu denen deutsche Flughafenbetreiber verpflichtet sind, ist lang. Oft bemühen sich die Gesellschaften sogar, darüber hinaus im Einklang mit der Natur zu stehen. Von der Kooperation zwischen Luftverkehr und Schiene bis zur Dachbegrünung der Terminals, von der Wiederaufforstung bis zur Biotop-Pflege: Vom Flug- und Anreiseverkehr einmal abgesehen präsentieren sich viele Anlagen eher als Ökosystem und nicht wie ein Industriebetrieb. Zersiedelte Gegenden entstehen mehr durch die gewerblichen Aktivitäten, die ein Flughafen allerdings anzieht. Man erinnert sich gern an das Beispiel großer Truppenübungsplätze, die erst nach deren Öffnung für kommunale Projekte verschandelt wurden. Auch auf dem Areal der Airports entstehen Biotope, die ohne den Schutz durch den Flugha-

fen-Zaun keine Überlebenschance hätten. Regenwasser wird aufgefangen und gelangt als Brauchwasser in den Kreislauf der riesigen Anlage. Danach wird das Wasser geklärt und an die Natur zurückgegeben. Erdwärme heizt die Hallen, aufwändige Wärmerückgewinnungsanlagen vermindern den Energiebedarf.

Natürlich entspricht es nicht gerade der allgemeinen Vorstellung von Naturschutz, dass riesige Bodenflächen zubetoniert und befestigt sowie Hunderte von Bäumen gerodet werden. Der Flughafenbetreiber verpflichtet sich aber,

die zerstörten Flächen andernorts wieder aufzuforsten. So sollen den Bürgern keine Bäume verloren gehen. Die Luftqualität wird ständig überprüft, in der Regel mit dem Ergebnis, dass sie besser ist als entlang einer Autobahn. Das Gleiche gilt auch für den Lärm, der mit Hilfe fortschreitender Triebwerks-Technologien ständig zurück geht. Die Flughafen-Anwohner leiden meist mehr unter den Geräuschen des Lkw-Verkehrs, der sich durch die Straßen wälzt und die Luft belastet. Dagegen vermindert sich das Heulen hochdrehender Flugzeug-Triebwerke immer weiter. Schon an den äußeren Flughafen-Grenzen sind viele moderne Jets so hoch, dass sie den Nachbarn nicht mehr so lange auf die Nerven gehen wie früher.

Der Förster vom Frankfurter Flughafen

Die Regenwasseraufbereitungsanlage im Frankfurter Flughafen

Wirtschaftlich erfolgreiche Flughäfen lassen auch die Umgebung wachsen. Das mag gut für die Kommunen sein. Das zugebaute Umfeld stellt jedoch an die Planung von möglichst lärmarmen An- und Abflugrouten ständig neue Herausforderungen. So sind immer steilere Flugprofile gefragt. Das hat seine technischen Grenzen. Denn die Leistungseinstellung der Düsentriebwerke – die Piloten nennen es Power-Setting – kann nicht nach Belieben verkleinert werden. So sind viele Piloten alles andere als begeistert: „In dem Moment, in dem ich die meiste Power brauche, um meinen tonnenschweren Jumbo in die Höhe zu bringen, werde ich durch Lärmauflagen gezwungen, sie zurückzunehmen."

Beispiel München

Der alte Flughafen in München-Riem war zu klein geworden, die Stadt gleichzeitig immer näher an die Flughafengrenze gerückt. Deshalb wurde beschlossen, einen ganz neuen Airport weit draußen vor den Toren der bayerischen Metropole zu bauen. Etwa 30 Kilometer nördlich gab es die kleine ländliche Gemeinde mit dem Namen Hallbergmoos, deren Bevölkerung schon seit 1950 nie mehr als 2.600 Einwohner hatte. Man einigte sich mit den Landwirten und begann in den siebziger Jahren mit den Planungen.

Durch den Bau und den Betrieb des Flughafens entstanden neue Jobs, die direkt oder indirekt mit dem Airport-Betrieb zu tun hatten. Das generierte die Miet-Nachfrage in Hallbergmoos. Mittlerweile hat sich die Bevölkerung innerhalb weniger Jahre mehr als verdreifacht. Aus der früher bäuerlich geprägten Kommune entstand eine moderne, internationale Wohngemeinde mit rund 900 Gewerbebetrieben. Zurzeit leben dort rund 8.400 Bürger

aus 70 Nationen und jedes Jahr kommen weitere 250 Menschen dazu.

Die Schattenseite solcher Entwicklungen. Unter den Zuzüglern finden sich oft Bürger, die vom Vorteil günstiger Baugrundstücke und kürzerer Anfahrtszeiten profitieren, jedoch nicht den Preis der Flughafennähe zahlen wollen: völlig geräuschlos geht es eben doch nicht. Dennoch gehören auch die Nutznießer oft zu den Fluglärminitiativen, die Nachtflugverbote und andere Flugbeschränkungen fordern.

Weshalb haben diese Menschen ihre Etagenwohnung in der angeblich lärmfreien Innenstadt von Frankfurt, München, Hamburg oder Berlin gegen ein Domizil in Flughafennähe getauscht? Weil sie am Flughafen einen Job gekriegt hatten und die langen Anfahrten satt hatten! Verständlich und nachvollziehbar. Mit welchem Recht aber bekämpfen sie nun den wirtschaftlichen Erfolg des Airports, den der wachsende Luftverkehr mit sich bringt?

Der Betrieb eines Flughafens ist unstrittig von enormer Bedeutung für eine ganze Region. Nicht nur wegen den Zehntausenden von Arbeitsplätzen am Airport, sondern der zahlreichen weiteren Jobs, die indirekt mit ihm zusammen hängen.

Das Heizkraftwerk am Frankfurter Flughafen

Die Fluglärm-überwachung in Frankfurt

18. Abflug

Adalbert Fürchtegott Obermoser betrat die Boeing 777 der United Airlines. Zielsicher ging er auf eine Stewardess zu.

„Wo sind denn hier die Flügel? Der Wacker Schorsch hat mir gesagt, ich soll mich auf einen Platz setzen vor den Flügeln, damit ich was sehe.“

„Darf ich Ihren Boarding Pass sehen?“

„Schon wieder eine Passkontrolle! Ja wie oft denn noch?“

„Nein, den kleinen Abschnitt, den Sie am Flugsteig gegen Ihr Ticket erhalten haben.“

„Ach so, die Quittung. Ja, die habe ich gut aufgehoben. Ich hab mir schon fast

Abflug in Frankfurt: Ein Jet der Northwest hebt ab

gedacht, dass ich noch mal danach gefragt werde!" Dabei langte der aufgeregte Mann in seine Hosentasche und zog den kleinen Abschnitt hervor.
„Sitz 18 A. Das ist in der Tat ein Platz am Fenster vor der Tragfläche. Darf ich Ihnen den Weg zeigen?" Damit ging die Frau vor Fürchtegott her und zeigte dem seinen Platz in der Business Class des modernen Flugzeuges.
„Das ist ja fast wie im Kino! Wissen's, mit der Vreni war ich mal in Füssen im Kino, da ist auch so eine Platzanweiserin…."
„Bitte machen Sie es sich bequem. Kann ich Ihnen eine Erfrischung bringen? Etwas zu trinken vielleicht?"
„Ja wenn Sie mich so freundlich fragen. Ein Hefe-Weizen vielleicht? Ich glaube nicht, daß Sie ein Maß haben hier. Oder?"
Frankfurt Airport kann aufatmen. Almbauer Adalbert Fürchtegott Obermoser sitzt im Flugzeug!

Frankfurt: Ein Jumbo am „Haken“

19. Anhang

1. Die wichtigsten Flughäfen der Welt

Rang	Airport	Passagiere
01	ATLANTA, GA (ATL)	75'849'375
02	CHICAGO, IL (ORD)	66'805'339
03	LOS ANGELES, CA (LAX)	61'024'541
04	LONDON, GB (LHR)	60'743'154
05	TOKYO, JP (HND)	58'692'688
06	DALLAS/FT WORTH AIRPORT, TX (DFW)	55'150'689
07	**FRANKFURT, DE (FRA)**	**48'559'980**
08	PARIS, FR (CDG)	47'996'22
09	AMSTERDAM, NL (AMS)	39'538'483
10	DENVER, CO (DEN)	36'086'751
11	PHOENIX, AZ (PHX)	35'481'95
12	LAS VEGAS, NV (LAS)	35'195'675
13	MINNEAPOLIS/ST PAUL, MN (MSP)	35'170'528
14	HOUSTON, TX (IAH)	34'794'868
15	SAN FRANCISCO, CA (SFO)	34'626'668
16	MADRID, ES (MAD)	33'984'413
17	HONG KONG, CN (HKG)	32'553'000
18	DETROIT, MI (DTW)	32'294'121
19	MIAMI, FL (MIA)	31'668'450
20	LONDON, GB (LGW)	31'182'361
21	BANGKOK, TH (BKK)	30'623'764
22	NEWARK, NJ (est)(EWR)	30'500'000
23	NEW YORK, NY (est)(JFK)	29'400'000
24	ORLANDO, FL.(MCO)	28'166'612
25	SINGAPORE, SG (SIN)	28'093'759
26	TORONTO, OT, CA (YYZ)	28'042'692
27	SEATTLE/TACOMA, WA (SEA)	27'036'074
28	ST LOUIS, MO (STL)	26'719'022
29	ROME, IT (FCO)	25'563'927
30	TOKYO, JP (NRT)	25'379'370

Die Top-30 der Flughäfen, gemessen nach Passagieraufkommen pro Jahr (Stand 18.5.2002)

Die Top-30 der Flughäfen, gemessen nach Frachtaufkommen in Tonnen pro Jahr (Stand 26.3.2001)

Rang	Airport	Frachtumschlag (t)
01	MEMPHIS, TN (MEM)	2.489.070
02	HONG KONG, CN (HKG)	2.267.175
03	LOS ANGELES, CA (LAX)	2.054.212
04	TOKYO, JP (NRT)	1.932.694
05	ANCHORAGE, AK (ANC)	1.883.825
06	SEOUL, KR (SEL)	1.874.228
07	NEW YORK, NY (JFK)	1.825.906
08	**FRANKFURT, DE (FRA)**	**1.710.144**
09	SINGAPORE, SG (SIN)	1.705.410
10	MIAMI, FL (MIA)	1.642.484
11	LOUISVILLE, KY (SDF)	1.519.558
12	CHICAGO, IL (ORD)	1.463.941
13	LONDON, GB (LHR)	1.402.088
14	PARIS, FR (CDG)	1.380.068
15	AMSTERDAM, NL (AMS)	1.267.386
16	TAIPEI, TW (TPE)	1.208.838
17	INDIANAPOLIS, IN (IND)	1.173.967
18	NEWARK, NJ (EWR)	1.082.668
19	OSAKA, JP (KIX)	1.000.693
20	DALLAS/FT WORTH, TX (DFW)	904.994
21	ATLANTA, GA (ATL)	871.602
22	BANGKOK, TH (BKK)	871.000
23	SAN FRANCISCO, CA (SFO)	870.113
24	DAYTON, OH (DAY)	832.205
25	TOKYO, JP (HND)	769.733
26	OAKLAND, CA (OAK)	703.043
27	BRUSSELS, BE (BRU)	634.342
28	DUBAI, AE (DXB)	581.997
29	SYDNEY, AU (SYD)	564.616
30	PHILADELPHIA, PA (PHL)	562.752

Rang	Airport	Flugbewegungen
01	CHICAGO, IL (ORD)	909'535
02	ATLANTA, GA (ATL)	890'320
03	DALLAS/FT WORTH AIRPORT, TX (DFW)	783'546
04	LOS ANGELES, CA (LAX)	738'114
05	PHOENIX, AZ (PHX)	560'827
06	PARIS, FR (CDG)	522'557
07	DETROIT, MI (DTW)	522'132
08	MINNEAPOLIS/ST PAUL, MN (MSP)	499'939
09	LAS VEGAS, NV (LAS)	493'722
10	DENVER, CO (DEN)	484'479
11	ST LOUIS, MO (STL)	474'161
12	MIAMI, FL (MIA)	471'008
13	HOUSTON, TX (IAH)	470'916
14	PHILADELPHIA, PA (PHL)	466'985
15	LONDON, GB (LHR)	463'568
16	CHARLOTTE, NC (CLT)	461'264
17	**FRANKFURT, DE (FRA)**	**456'452**
18	BOSTON, MA (BOS)	454'625
19	PITTSBURGH, PA (PIT)	451'739
20	NEWARK, NJ (est)(EWR)	436'000
21	AMSTERDAM, NL (AMS)	431'961
22	TORONTO, OT, CA (YYZ)	406'360
23	SEATTLE/TACOMA, WA (SEA)	399'285
24	SANFORD, FL (SFB)	397'557
25	CINCINNATI, OH (CVG)	397'000
26	WASHINGTON, DC (IAD)	396'843
27	OAKLAND, CA (OAK)	395'653
28	MEMPHIS, TN (MEM)	394'826
29	SAN FRANCISCO, CA (SFO)	387'594
30	SANTA ANA, CA (SNA)	379'300

Die Top-30 der Flughäfen, gemessen nach Anzahl der Flugbewegungen pro Jahr (Stand 18.5.2002)

2. Rangliste der wichigsten Verkehrsflughäfen Deutschlands

Rang	Airport	ICAO Code	IATA Code	Passagiere 2001	Fracht in 1000 t
01	Frankfurt	EDDF	FRA	48.569.000	1.500
02	München	EDDM	MUC	23.646.900	61
03	Düsseldorf	EDDL	DUS	15.392.970	59
04	Berlin Tegel	EDDT	TXL	9.909.453	28
05	Hamburg	EDDH	HAM	9.490.432	62
06	Stuttgart	EDDS	STR	7.632.286	16
07	Köln/Bonn	EDDK	CGN	5.802.347	476
08	Hannover	EDDV	HAJ	5.157.558	10
09	Nürnberg	EDDN	NUE	3.200.000	57
10	Leipzig	EDDP	LEJ	2.174.031	16
11	Berlin Schönefeld	EDDB	SXF	1.915.110	13
12	Bremen	EDDW	BRE	1.819.831	22
13	Dresden	EDDC	DRS	1.642.736	10
14	Münster/Osnabrück	EDDG	FMO	1.614.938	11
15	Berlin Tempelhof	EDDI	THF	774.329	1
16	Saarbrücken*	EDDR	SCN	482.594	0,325
17	Friedrichshafen	EDNY	FDH	423.385	0,058
18	Rostock-Laage	ETNL	RLG	110.822	4
	*2001				
	**incl. Werft				

Die Rangfolge der deutschen Flughäfen, nach Passagieren

Starts- und Landungen	Pisten	Längste Piste in m	Anzahl der Beschäftigten	Entfernung zur Sadtmitte in km	ICE Anschluss	S-Bahn Anschluss	Nachtflug nach 24 Uhr möglich
456.452	3	4.000	62.000	12	ja	ja	ja
157.720	2	4.000	20.000	29	nein	ja	nein
193.514	3	3.000	13.200	7,4	nein	ja	k.A.
131.631	2	3.023	6.656	8	nein	nein	nein
158.569	2	3.666	12371**	13	nein	2.005	Ausn.
146.771	1	3.345	1.251	15	2.013	ja	nein
150.174	3	3.815	8.000	15	2.003	2.003	ja
80.000	2	3.400	1.300	10	nein	ja	ja
83.811	1	2.700	3.690	5	nein	nein	k.A.
42.408	2	3.600	500	12	2.003	nein	ja
40.447	2	3.000	4.064	18	ja	ja	ja
46.677	1	2.600	250	3	nein	StraBahn	nein
34.668	1	2.508	k.A.	9	nein	ja	k.A.
51.046	1	2.170	550	35	nein	nein	ja
48.927	2	2.094	1.510	6	nein	nein	nein
21.113	1	2.000	750	9	nein	nein	nein
43.308	1	2.356	k.A.	3,7	nein	RB	k.A.
5.218	1	2.500	62	30	nein	nein	ja

Rang	Airport	ICAO Code	IATA Code	Passagiere 2001	Fracht in 1000 t
01	Frankfurt	EDDF	FRA	48.569.000	1.500
02	Köln/Bonn	EDDK	CGN	5.802.347	476
03	Hamburg	EDDH	HAM	9.490.432	62
04	München	EDDM	MUC	23.646.900	61
05	Düsseldorf	EDDL	DUS	15.392.970	59
06	Nürnberg	EDDN	NUE	3.200.000	57
07	Berlin Tegel	EDDT	TXL	9.909.453	28
08	Bremen	EDDW	BRE	1.819.831	22
09	Stuttgart	EDDS	STR	7.632.286	16
10	Leipzig	EDDP	LEJ	2.174.031	16
11	Berlin Schönefeld	EDDB	SXF	1.915.110	13
12	Münster/Osnabrück	EDDG	FMO	1.614.938	11
13	Dresden	EDDC	DRS	1.642.736	10
14	Hannover	EDDV	HAJ	5.157.558	10
15	Rostock-Laage	ETNL	RLG	110.822	4
16	Berlin Tempelhof	EDDI	THF	774.329	1
17	Friedrichshafen	EDNY	FDH	423.385	0,058
18	Saarbrücken*	EDDR	SCN	482.594	0,325
	*2001				
	**incl. Werft				

Die Rangfolge der deutschen Flughäfen, nach Frachtaufkommen

Starts- und Landungen	Pisten	Längste Piste in m	Anzahl der Beschäftigten	Entfernung zur Sadtmitte in km	ICE Anschluss	S-Bahn Anschluss	Nachtflug nach 24 Uhr möglich
456.452	3	4.000	62.000	12	ja	ja	ja
150.174	3	3.815	8.000	15	2.003	2.003	ja
158.569	2	3.666	12371**	13	nein	2.005	Ausn.
157.720	2	4.000	20.000	29	nein	ja	nein
193.514	3	3.000	13.200	7,4	nein	ja	k.A.
83.811	1	2.700	3.690	5	nein	nein	k.A.
131.631	2	3.023	6.656	8	nein	nein	nein
46.677	1	2.600	250	3	nein	StraBahn	nein
146.771	1	3.345	1.251	15	2.013	ja	nein
42.408	2	3.600	500	12	2.003	nein	ja
40.447	2	3.000	4.064	18	ja	ja	ja
51.046	1	2.170	550	35	nein	nein	ja
34.668	1	2.508	k.A.	9	nein	ja	k.A.
80.000	2	3.400	1.300	10	nein	ja	ja
5.218	1	2.500	62	30	nein	nein	ja
48.927	2	2.094	1.510	6	nein	nein	nein
43.308	1	2.356	k.A.	3,7	nein	RB	k.A.
21.113	1	2.000	750	9	nein	nein	nein

Rang	Airport	ICAO Code	IATA Code	Passagiere 2001	Fracht in 1000 t
01	Frankfurt	EDDF	FRA	48.569.000	1.500
02	Düsseldorf	EDDL	DUS	15.392.970	59
03	Hamburg	EDDH	HAM	9.490.432	62
04	München	EDDM	MUC	23.646.900	61
05	Köln/Bonn	EDDK	CGN	5.802.347	476
06	Stuttgart	EDDS	STR	7.632.286	16
07	Berlin Tegel	EDDT	TXL	9.909.453	28
08	Nürnberg	EDDN	NUE	3.200.000	57
09	Hannover	EDDV	HAJ	5.157.558	10
10	Münster/Osnabrück	EDDG	FMO	1.614.938	11
11	Berlin Tempelhof	EDDI	THF	774.329	1
12	Friedrichshafen	EDNY	FDH	423.385	0,058
13	Bremen	EDDW	BRE	1.819.831	22
14	Leipzig	EDDP	LEJ	2.174.031	16
15	Berlin Schönefeld	EDDB	SXF	1.915.110	13
16	Dresden	EDDC	DRS	1.642.736	10
17	Saarbrücken*	EDDR	SCN	482.594	0,325
18	Rostock-Laage	ETNL	RLG	110.822	4
	*2001				
	**incl. Werft				

Die Rangfolge der deutschen Flughäfen, nach Flugbewegungen

Starts- und Landungen	Pisten	Längste Piste in m	Anzahl der Beschäftigten	Entfernung zur Sadtmitte in km	ICE Anschluss	S-Bahn Anschluss	Nachtflug nach 24 Uhr möglich
456.452	3	4.000	62.000	12	ja	ja	ja
193.514	3	3.000	13.200	7,4	nein	ja	k.A.
158.569	2	3.666	12371**	13	nein	2.005	Ausn.
157.720	2	4.000	20.000	29	nein	ja	nein
150.174	3	3.815	8.000	15	2.003	2.003	ja
146.771	1	3.345	1.251	15	2.013	ja	nein
131.631	2	3.023	6.656	8	nein	nein	nein
83.811	1	2.700	3.690	5	nein	nein	k.A.
80.000	2	3.400	1.300	10	nein	ja	ja
51.046	1	2.170	550	35	nein	nein	ja
48.927	2	2.094	1.510	6	nein	nein	nein
43.308	1	2.356	k.A.	3,7	nein	RB	k.A.
46.677	1	2.600	250	3	nein	StraBahn	nein
42.408	2	3.600	500	12	2.003	nein	ja
40.447	2	3.000	4.064	18	ja	ja	ja
34.668	1	2.508	k.A.	9	nein	ja	k.A.
21.113	1	2.000	750	9	nein	nein	nein
5.218	1	2.500	62	30	nein	nein	ja

3. Die deutschen Flugplätze

Flughafen	ICAO-Code
AACHEN-MERZBRÜCK	EDKA
AALEN-HEIDENHEIM/ELCHINGEN	EDP
ACHMER	EDXA
AHRENLOHE	EDHO
AILERTCHEN	EDGA
ALBSTADT-DEGERFELD	EDSA
ALKERSLEBEN/WÜLFERSHAUSEN	EDBA
ALLENDORF/EDER	EDFQ
ALLSTEDT	EDBT
ALTDORF-WALLBURG	EDSW
ALTENA-HEGENSCHEID	EDKD
ALTENBURG-NOBITZ	EDAC
AMPFING-WALDKRAIBURG	EDNA
ANKLAM	EDCA
ANSBACH-PETERSDORF	EDQF
ANSPACH/TAUNUS	EDFA
ARNBRUCK	EDNB
ARNSBERG	EDLA
ASCHAFFENBURG	EDFC
ASCHERSLEBEN	EDCQ
ATTENDORN-FINNENTROP	EDKU
AUERBACH	EDOA
AUGSBURG	EDMA
BACKNANG-HEININGEN	EDSH
BAD BERKA	EDOB
BAD DITZENBACH	EDPB
BAD DÜRKHEIM	EDRF
BAD FRANKENHAUSEN	EDOF
BAD GANDERSHEIM	EDVA
BAD KISSINGEN	EDFK

Flughafen	ICAO-Code
BAD LANGENSALZA	EDEB
BAD NEUENAHR-AHRWEILER	EDRA
BAD NEUSTADT/SAALE-GRASBERG	EDFD
BAD PYRMONT	EDVW
BAD SOBERNHEIM-DOMBERG	EDRS
BAD WINDSHEIM	EDQB
BAD WÖRISHOFEN-NORD	EDNH
BADEN-BADEN/OOS	EDTB
BALLENSTEDT	EDCB
BALTRUM	EDWZ
BARSSEL	EDXL
BARTH	EDBH
BAUTZEN	EDAB
BAYREUTH	EDQD
BEILNGRIES	EDNC
BERGNEUSTADT/AUF DEM DÜMPEL	EDKF
BERLIN/SCHÖNEFELD	EDDB
BERLIN-TEGEL	EDDT
BERLIN-TEMPELHOF	EDDI
BETZDORF-KIRCHEN	EDKI
BIBERACH A.D.RISS	EDMB
BIELEFELD-WINDELSBLEICHE	EDLI
BIENENFARM	EDOI
BINNINGEN	EDSI
BITBURG	EDRB
BLAUBEUREN	EDMC
BLOMBERG-BORKHAUSEN	EDVF
BLUMBERG	EDSL
BÖHLEN	EDOE
BOHMTE-BAD ESSEN	EDXD

Flughafen	ICAO-Code
BONN/HANGELAR	EDKB
BOPFINGEN	EDNQ
BORDELUM	EDWA
BORKENBERGE	EDLB
BORKEN-HOXFELD	EDLY
BORKUM	EDWR
BOTTENHORN	EDGT
BRANDENBURG-MÜHLENFELD	EDBE
BRAUNSCHWEIG	EDVE
BREITSCHEID	EDGB
BREMEN	EDDW
BREMERHAVEN/AM LUNEORT	EDWB
BREMGARTEN	EDTG
BRILON/HOCHSAUERLAND	EDKO
BRONKOW	EDBQ
BRUCHSAL	EDTC
BURG	EDBG
BURG FEUERSTEIN	EDQE
CELLE-ARLOH	EDVC
CHEMNITZ-JAHNSDORF	EDCJ
COBURG-BRANDENSTEINSEBENE	EDQC
COBURG-STEINRÜCKEN	EDQY
COCHSTEDT/SCHNEIDLINGEN	EDBC
COTTBUS-DREWITZ	EDCD
DACHAU-GRÖBENRIED	EDMD
DAHLEMER BINZ	EDKV
DAMME	EDWC
DEDELOW	EDBD
DEGGENDORF	EDMW
DESSAU	EDAD

Flughafen	ICAO-Code
DIERDORF-WIENAU	EDRW
DINGOLFING	EDPD
DINKELSBÜHL-SINBRONN	EDND
DINSLAKEN/SCHWARZE HEIDE	EDLD
DONAUESCHINGEN-VILLINGEN	EDTD
DONAUWÖRTH-GENDERKINGEN	EDMQ
DONZDORF	EDPM
DORTMUND-WICKEDE	EDLW
DRESDEN	EDDC
DÜSSELDORF	EDDL
EBERN-SENDELBACH	EDQR
EGELSBACH	EDFE
EGGENFELDEN	EDME
EGGERSDORF	EDCE
EICHSTÄTT	EDPE
EISENACH-KINDEL	EDGE
EISENHÜTTENSTADT	EDAE
ELZ	EDFY
EMDEN	EDWE
ERBACH	EDNE
ERFURT	EDDE
ESSEN/MÜLHEIM	EDLE
FEHRBELLIN	EDBF
FINOW	EDAV
FINSTERWALDE	EDAS
FLENSBURG-SCHÄFERHAUS	EDXF
FRANKFURT MAIN	EDDF
FREIBURG I. BR.	EDTF
FRIEDERSDORF	EDCF
FRIEDRICHSHAFEN	EDNY

Flughafen	ICAO-Code
FULDA-JOSSA	EDGF
FÜRSTENWALDE	EDAL
FÜRSTENZELL	EDMF
GANDERKESEE ATLAS AIRFIELD	EDWQ
GARDELEGEN	EDOC
GELNHAUSEN	EDFG
GERA-LEUMNITZ	EDAJ
GERSTETTEN	EDPT
GIENGEN/BRENZ	EDNG
GIEßEN-LÜTZELLINDEN	EDFL
GIEßEN-REISKIRCHEN	EDGR
GÖRLITZ	EDBX
GOTHA-OST	EDEG
GRANSEE	EDOG
GREFRATH-NIERSHORST	EDLF
GREITZ-OBERGROCHLITZ	EDOT
GRIESAU	EDPG
GROßENHAIN	EDAK
GROßRÜCKERSWALDE	EDAG
GRUBE	EDHB
GÜNZBURG-DONAURIED	EDMG
GUNZENHAUSEN-REUTBERG	EDMH
GÜSTROW	EDCU
GÜTTIN	EDCG
HAHN	EDFH
HALLE-OPPIN	EDAQ
HAMBURG	EDDH
HAMBURG-FINKENWERDER	EDHI
HAMM-LIPPEWIESEN	EDLH
HANNOVER	EDDV

Flughafen	ICAO-Code
HARLE	EDXP
HARTENHOLM	EDHM
HAßFURT	EDQT
HEIDE-BÜSUM	EDXB
HELGOLAND-DÜNE	EDXH
HERINGSDORF	EDAH
HERRENTEICH	EDEH
HERTEN-RHEINFELDEN	EDTR
HERZOGENAURACH	EDQH
HETTSTADT	EDGH
HETZLESER BERG	EDQX
HEUBACH	EDTH
HILDESHEIM	EDVM
HIRZENHAIN	EDFI
HOCKENHEIM	EDFX
HODENHAGEN	EDVH
HOF	EDQM
HÖLLEBERG	EDVL
HOPPSTÄDTEN-WEIERSBACH	EDRH
HÖXTER-HOLZMINDEN	EDVI
HÜNSBORN	EDKH
HÜTTENBUSCH	EDXU
IDAR-OBERSTEIN/GÖTTSCHIED	EDRG
ILLERTISSEN	EDMI
INGELFINGEN-BÜHLHOF	EDGI
JENA-SCHÖNGLEINA	EDBJ
JESENWANG	EDMJ
JUIST	EDWJ
KAMENZ	EDCM
KAMP-LINTFORT	EDLC

Flughafen	ICAO-Code
KARLSHÖFEN	EDWK
KARLSRUHE/BADEN-BADEN	EDSB
KARLSRUHE-FORCHHEIM	EDTK
KASSEL	EDVK
KEHL-SUNDHEIM	EDSK
KEMPTEN-DURACH	EDMK
KIEL-HOLTENAU	EDHK
KIRCHDORF/INN	EDNK
KLEIN MÜHLINGEN	EDOM
KLIETZ/SCHARLIBBE	EDCL
KLIX	EDCI
KOBLENZ-WINNINGEN	EDRK
KÖLN/BONN	EDDK
KONSTANZ	EDTZ
KORBACH	EDGK
KÖTHEN	EDCK
KREFELD-EGELSBERG	EDLK
KÜHRSTEDT-BEDERKESA	EDXZ
KULMBACH	EDQK
KYRITZ	EDBK
LACHEN-SPEYERDORF	EDRL
LAGER HAMMELBURG	EDFJ
LAHR	EDTL
LAICHINGEN	EDPJ
LANDSHUT	EDML
LANGENLONSHEIM	EDEL
LANGEOOG	EDWL
LANGHENNERSDORF	EDOH
LAUCHA	EDBL
LAUENBRÜCK	EDHU

Flughafen	ICAO-Code
LAUF-LILLINGHOF	EDQI
LAUTERBACH	EDFT
LECK	EDXK
LEER-PAPENBURG	EDWF
LEIPZIG/HALLE	EDDP
LEMWERDER	EDWD
LEUTKIRCH-UNTERZEIL	EDNL
LEVERKUSEN	EDKL
LICHTENFELS	EDQL
LINKENHEIM	EDRI
LÜBECK-BLANKENSEE	EDHL
LÜCHOW-REHBECK	EDHC
LÜNEBURG	EDHG
LÜSSE	EDOJ
MAGDEBURG	EDBM
MAINBULLAU	EDFU
MAINZ/FINTHEN	EDFZ
MANNHEIM-NEUOSTHEIM	EDFM
MARBURG-SCHÖNSTADT	EDFN
MARL-LOEMÜHLE	EDLM
MEINERZHAGEN	EDKZ
MELLE-GRÖNEGAU	EDXG
MENGEN-HOHENTENGEN	EDTM
MENGERINGHAUSEN	EDVG
MERSEBURG	EDAM
MESCHEDE-SCHÜREN	EDKM
MICHELSTADT/ODW.	EDFO
MINDELHEIM-MATTSIES	EDMN
MÖNCHENGLADBACH	EDLN
MOSBACH-LOHRBACH	EDGM

Flughafen	ICAO-Code
MOSENBERG	EDEM
MÜHLDORF	EDMY
MÜHLHAUSEN	EDEQ
MÜNCHEN	EDDM
MÜNSTER-OSNABRÜCK	EDDG
MÜNSTER-TELGTE	EDLT
NABERN/TECK	EDTN
NANNHAUSEN	EDRN
NARDT	EDAT
NAUEN	EDCN
NEUBIBERG	EDPN
NEUBURG-EGWEIL	EDNJ
NEUHAUSEN	EDAP
NEUHAUSEN OB ECK	EDSN
NEUMAGEN-DHRON	EDRD
NEUMARKT/OPF.	EDPO
NEUMÜNSTER	EDHN
NEUSTADT/AISCH	EDQN
NEUSTADT-GLEWE	EDAN
NIENBURG-HOLZBALGE	EDXI
NITTENAU-BRUCK	EDNM
NORDENBECK	EDGN
NORDEN-NORDDEICH	EDWS
NORDERNEY	EDWY
NORDHAUSEN	EDAO
NORDHOLZ-SPIEKA	EDXN
NORDHORN-LINGEN	EDWN
NÖRDLINGEN	EDNO
NORTHEIM	EDVN
NÜRNBERG	EDDN

Flughafen	ICAO-Code
OBERMEHLER-SCHLOTHEIM	EDCO
OBER-MÖRLEN	EDFP
OBERPFAFFENHOFEN	EDMO
OBERSCHLEIßHEIM	EDNX
OCHSENFURT	EDGJ
OEHNA	EDBO
OERLINGHAUSEN	EDLO
OFFENBURG	EDTO
OLDENBURG-HATTEN	EDWH
OPPENHEIM	EDGP
OSCHATZ	EDOQ
OSCHERSLEBEN	EDOL
OSNABRÜCK-ATTERHEIDE	EDWO
OTTENGRÜNER HEIDE	EDQO
PADERBORN/LIPPSTADT	EDLP
PADERBORN-HAXTERBERG	EDLR
PASEWALK-FRANZFELDE	EDCV
PEENEMÜNDE	EDCP
PEGNITZ-ZIPSER BERG	EDQZ
PEINE-EDDESSE	EDVP
PENNEWITZ	EDOS
PFARRKIRCHEN	EDNP
PFULLENDORF	EDTP
PINNOW	EDBP
PIRMASENS	EDRP
PIRNA-PRATZSCHWITZ	EDAR
PLETTENBERG-HÜINGHAUSEN	EDKP
POLTRINGEN	EDSP
PORTA WESTFALICA	EDVY
PRITZWALK-SOMMERSBERG	EDBU

Flughafen	ICAO-Code
PURKSHOF	EDCX
RECHLIN-LÄRZ	EDAX
REGENSBURG-OBERHUB	EDNR
REICHELSHEIM	EDFB
REINSDORF	EDOD
RENDSBURG-SCHACHTHOLM	EDXR
RENNERITZ	EDOX
RERIK-ZWEEDORF	EDCR
RHEINE-ESCHENDORF	EDXE
RIESA-GÖHLIS	EDAU
RINTELN	EDVR
ROITZSCHJORA	EDAW
ROSENTHAL-FIELD PLÖSSEN	EDQP
ROTENBURG (WÜMME)	EDXQ
ROTHENBURG O.D.T.	EDFR
ROTHENBURG/OL	EDBR
ROTTWEIL-ZEPFENHAN	EDSZ
RUDOLSTADT-GROSCHWITZ	EDOK
SAARBRÜCKEN	EDDR
SAARLOUIS-DÜREN	EDRJ
SAARMUND	EDCS
SALZGITTER-DRÜTTE	EDVS
SAULGAU	EDTU
SCHAMEDER	EDGQ
SCHLESWIG-KROPP	EDXC
SCHMALLENBERG-RENNEFELD	EDKR
SCHMIDGADEN/OPF.	EDPQ
SCHMOLDOW	EDBY
SCHÖNEBECK-ZACKMÜNDE	EDOZ
SCHÖNHAGEN	EDAZ

Flughafen	ICAO-Code
SCHWABACH-HEIDENBERG	EDPH
SCHWÄBISCH HALL-HESSENTAL	EDTY
SCHWÄBISCH HALL-WECKRIEDEN	EDTX
SCHWABMÜNCHEN	EDNS
SCHWANDORF	EDPF
SCHWARZHEIDE/SCHIPKAU	EDBZ
SCHWEIGHOFEN	EDRO
SCHWEINFURT-SÜD	EDFS
SCHWENNINGEN AM NECKAR	EDTS
SCHWERIN/PARCHIM	EDOP
SEEDORF	EDXS
SEGELETZ	EDAI
SIEGERLAND	EDGS
SIERKSDORF/HOF ALTONA	EDXT
SOEST/BAD SASSENDORF	EDLZ
SÖMMERDA-DERMSDORF	EDBS
SONNEN	EDPS
SPEYER	EDRY
SPROSSEN	EDCH
ST. MICHAELISDONN	EDXM
ST. PETER-ORDING	EDXO
STADE	EDHS
STADTLOHN-WENNINGFELD	EDLS
STENDAL-BORSTEL	EDOV
STÖLLN/RHINOW	EDOR
STRALSUND	EDBV
STRAUBING-WALLMÜHLE	EDMS
STRAUSBERG	EDAY
STUTTGART	EDDS
SUHL-GOLDLAUTER	EDQS

Flughafen	ICAO-Code
TANNHEIM	EDMT
TAUCHA	EDCT
THALMÄSSIG-WAIZENHOFEN	EDPW
THANNHAUSEN	EDNU
TRABEN-TRARBACH/MONT ROYAL	EDRM
TREUCHTLINGEN-BUBENHEIM	EDNT
TRIER-FÖHREN	EDRT
UELZEN	EDVU
UETERSEN	EDHE
UNTERSCHÜPF	EDGU
VARRELBUSCH	EDWU
VERDEN-SCHARNHORST	EDWV
VILSBIBURG	EDMP
VILSHOFEN	EDMV
VOGTAREUTH	EDNV
WAHLSTEDT	EDHW
WALLDORF	EDGX
WALLDÜRN	EDEW
WANGEROOGE	EDWG
WAREN/VIELIST	EDOW
WEIDEN	EDQW
WEIMAR-UMPFERSTEDT	EDOU
WEINHEIM/BERGSTRAßE	EDGZ
WEIßENHORN	EDNW
WELZOW	EDCY
WERDOHL-KÜNTROP	EDKW
WERNEUCHEN	EDBW
WERSHOFEN/EIFEL	EDRV
WESEL-RÖMERWARDT	EDLX
WESER-WÜMME	EDWM

Flughafen	ICAO-Code
WESTERLAND/SYLT	EDXW
WESTERSTEDE-FELDE	EDWX
WILHELMSHAVEN-MARIENSIEL	EDWI
WINZELN-SCHRAMBERG	EDTW
WIPPERFÜRTH-NEYE	EDKN
WISMAR-MÜGGENBURG	EDCW
WOLFHAGEN "GRANER BERG"	EDGW
WORMS	EDFV
WRIEZEN	EDON
WÜRZBURG-SCHENKENTURM	EDFW
WYK AUF FÖHR	EDXY
ZWEIBRÜCKEN	EDRZ
ZWICKAU	EDBI

LTU

Ein Airbus A 330-300 in Diensten von LTU. Die Maschine bietet 335 Passagieren Platz

20. Glossar

Abk.	Begriff	Erklärung
ACC	Area Control Center	Bereichskontrollzentrale
	Anticollision-Light	Gelb aufblitzendes Blinklicht an der Ober-und Unterseite des Flugzeuges
APCOA	Airport Parking Cooperation of America	
APP	Approach control	Anflugkontrolle
	Baggage Handling	Gepäckabfertigung
	Baggage-Tag	Registrierter Gepäckanhänger
	Beech KingAir	Zweimotorige Turboprop Maschine von Beechcraft
	Boarding Pass	Bordkarte
	Business Class	Gehobene Leistungs- und Service Klasse im Flugzeug
	Catering	Versorgung mit Lebensmitteln
CFMU	Central Flow Management Unit	Europäische Verkehrsfluss-Steuerungs-zentrale
	Check-In	Abfertigungsschalter
	Delay	Verspätung
	Duty Free	Zollfreier Einkauf
ECAC	European Civil Aviation Conference	Europäische Luftfahrtkonferenz bestehend aus 36 Nationen
EGNOS	European Geo stationary Navigation Overlay Service	Europäische Geostationäres Navigationssystem
El Al		Israelische Airline
	EUROCONTROL	European Organisation for the Safety of Air Navigation
	Flight Coupon	Flugschein
	Follow-Me	Lotsenwagen auf dem Flughafen
	Gate	Flugsteig
GPS	Global Positioning System	Satelliten Positions System
HBG		Hydranten-Betriebsgesellschaft
IATA	International Air Transport Association	Vereinigung der Internationalen Airlines

ICAO	International Civil Aviation Organisation	Internationale Zivile Luftfahrt-organisation
IFALPA	International Federation of Airline Pilots Ass.	Internationaler Verband der Airline Piloten
IFR	Instrument Flight Rules	Instrumentenflugregeln
ILS	Instrument Landing System	Instrumenten-Landesystem
	Iljushin	Russischer Flugzeugbauer
LBA	Luftfahrt-Bundesamt	
LuftVG	Luftverkehrsgesetz	
LuftVO	Luftverkehrsverordnung	
MCT	Minimum Connecting Time	Mindestumsteigezeit
MEA	Middle East Airlines	Luftverkehrsgesellschaft des Libanon
MET	Meteorology	Wetterkunde
NATO	North Atlantic Treaty Organization	Nordatlantische Beistands-Organisation
PIA	Pakistan International Airlines	Luftverkehrsgesellschaft Pakistans
	Qantas	Australische Luftfahrtgesellschaft
	Ramp	Hier: Vorfeld des Flughafens
	Readiness-State	Einsatzbereitschaft
RNAV	Area Navigation	Flächennavigation
	Runway	Start-, Landebahn oder Betriebspiste
Simba		Großes Einsatzfahrzeug der Flughafenfeuerwehr
	Slot	Hier: Startfenster, Zeitfenster
	Taxiway	Rollbahn
TCAS	Traffic Alert and Collision Avoidance System	Verkehrswarnungs- und Kollisions-vermeidungssystem
TMA	Terminal Control Area	vom Terminal überwachtes Gebiet
	Tupolev	Russischer Flugzeugbauer
VFR	Visual Flight Rules	Sichtflugregeln
YAK	Yakovlev	Russischer Flugzeugbauer

Turboprop: Wenn eine Luftstrahlturbine nicht nur einen Verdichter antreibt, sondern auch einen Propeller, dann spricht man von einem Propeller-Turbinen-Luftstrahltriebwerk (Turboprop)

Schengen: Am 14.06.1985 unterzeichneten die Bundesrepublik Deutschland, Frank reich, Belgien, Luxemburg und die Niederlande das Abkommen von Schengen (einem Ort in Luxemburg) über den schrittweisen Abbau der Personenkontrollen an den Binnengrenzen zwischen den Vertragsparteien.

Danksagungen

Den Flughäfen Düsseldorf, Dresden, Frankfurt, Hamburg, Hannover, Köln-Bonn, München, Nürnberg und Stuttgart danke ich für ihre entgegenkommende Mitarbeit. Ebenso zähle ich dazu die Deutsche Lufthansa für ihre Beiträge. Ohne diese wäre das Buch so nicht möglich gewesen.

Insbesondere möchte ich aber folgenden Personen danken:

- Dem Personal der FRAPORT AG: Frau Weiß und Herr Stroh von der Pressestelle für ihre tatkräftige Unterstützung, Herr Klaus Neumann, Leiter Baggage Handling, Hans Wolfgang Cloeter, Verkehrsleiter vom Dienst
- Pater Walter Maader OFM für die interessanten Gespräche
- Herrn Klaus Ludwig vom Grenzschutzamt Frankfurt
- Der Bürgermeisterin von Kansas City, Mayor Kay Barnes. In ihrem Schreiben hat sie mir versichert, daß sie die Rahmenstory in diesem Buch mit einem Schmunzeln zur Kenntnis genommen und keinerlei Bedenken dagegen hat. Ich wünsche Mrs. Barnes viel Erfolg bei der nächsten Wiederwahl und »many happy returns!«
- Werner Fischbach für seinen Textbeitrag
- Der Pressestelle der Deutschen Lufthansa AG
- Petra, Denise, Gunnar und Werner für das Korrekturlesen

Eine Douglas DC-8 von German Cargo

Bildnachweis

Airbus Industries: S. 122

Fischbach: S. 69

Flughafen Düsseldorf GmbH: S. 12, 13u, 67

Flughafen Frankfurt/Fraport: S. 10, 11, 14, 15, 16, 17, 18, 19, 22/23, 24, 25o, 26, 27, 28, 30, 34,35, 36, 37, 39, 40, 41, 42, 43, 44, 47, 48u, 54, 55, 56, 57o, 57u, 58o, 58u, 62u, 70, 73o, 74, 75, 76, 77, 78, 79, 80, 81, 82, 83, 84, 85, 91, 93, 94, 95o, 95u, 96, 98

Flughafen Hamburg GmbH: S. 2, 20, 21, 29, 33, 50, 88

Flughafen München GmbH: 13o, 59, 68, 90

Flughafen Stuttgart GmbH: S. 48o, 60, 61, 62o, 71, 92

Krüger: S. 86/87

Lufthansa: S. 5

Slg. A. Fecker: S. 6, 7, 46, 64, 65

Sinicki: S. 59/60

Skaryd: S. 72

Stroh: S. 51